孩子，格局决定你的人生上限

刘千泉 | 编著 |

民主与建设出版社
·北京·

© 民主与建设出版社，2020

图书在版编目（CIP）数据

孩子，格局决定你的人生上限 / 刘千泉编著 . — 北京：民主与建设出版社，2019.11
ISBN 978-7-5139-2806-9

Ⅰ . ①孩… Ⅱ . ①刘… Ⅲ . ①成功心理–青少年读物 Ⅳ . ① B848.4–49

中国版本图书馆 CIP 数据核字 (2019) 第 250343 号

孩子，格局决定你的人生上限
HAIZI GEJU JUEDING NIDE RENSHENG SHANGXIAN

出 版 人	李声笑
编 著	刘千泉
责任编辑	王 倩
装帧设计	尧丽设计
出版发行	民主与建设出版社有限责任公司
电 话	（010）59417747　59419778
社 址	北京市海淀区西三环中路 10 号望海楼 E 座 7 层
邮 编	100142
印 刷	唐山富达印务有限公司
版 次	2020 年 4 月第 1 版
印 次	2020 年 4 月第 1 次印刷
开 本	880mm×1230mm　1/32
印 张	7
字 数	143 千字
书 号	ISBN 978-7-5139-2806-9
定 价	42.00 元

中国近代著名的军事家、政治家曾国藩说过："谋大事者首重格局。"也就是说，判断一个人的未来发展好坏，看能力、看情商、看才华……都不如看格局。"格"是人格，"局"是胸怀。

所谓大格局，就是从大处着眼，不拘泥于眼前，为大局着想，目标锁定长远的发展，看待问题有战略的眼光，包容万象。大格局是一种境界，大勇若怯；大格局是一种姿态，大象无形；大格局是一种智慧，大智若愚；大格局是一种品质，大巧若拙；大格局是一种深度，大音希声。

有这样一个故事。三个工人在工地砌墙，有人问他们在做什么，第一个人没好气地说："我在砌墙，你没看到吗？"第二个人笑笑说："我们在盖一幢高楼。"第三个人笑容满面地说："我们正在建一座新城市。"十年后，第一个人仍在砌墙，第二个人成了工程师，而第三个人是前两个人的老板。

在生活中，受格局影响的事情太多了，那些最终无法获得大成就的人，大多是没有大格局的人。我们经常说："只会盯着树皮里的虫子不放的鸟儿是飞不到白云之上的，只有眼里和心中装满了山河天地的雄鹰才能在天地间自由地翱翔。"所以，有什么样的格局，就有什么样的人生。若想在这个竞争激烈的社会脱颖而出，就要努力修炼大格局，让自己的实力无可匹敌。

古今中外，大凡成就伟业者都是从年少时就从大处着眼，一步步地构筑他们辉煌的人生大厦。孙子是众所周知的用兵如神者，他之所以有这么大的成就，是因为他年少时就通过常年观海，发现大海、海岸以及海内万物的联系，从思考中得到了"以守为攻""以静制动"等用兵之道，还有海纳百川般的胸襟以及各种为人处世的道理。

本书以格局为主题，通过具体的案例和故事，全方位、多角度、多层次地阐述了青少年将来立足社会、成就优秀未来需要修炼的几大格局，主要包括品格、思维、胸怀、梦想、财商、学识、交际、取舍和情绪管理九大方面，让青少年能够从中获得一些启发，让格局得到进一步的提升。这是一本值得认真阅读的青少年励志书，是一部青少年成长的智慧手册。

希望在读过本书后，每一位青少年都能够明白一个道理：格局决定了你的人生上限。你的格局有多大，未来的成就就有多大。任何事情皆是如此。

第三章　告诉你，生活不止眼前的一种可能——冲破
　　　　思维定式

第⑩章　掌握好情绪，别让它太叛逆——学会严格的
自我管理

第一章

"格"是人格，"局"是胸怀——
格局成就你的未来

古往今来，大凡取得巨大成就的人无不具有超出常人的格局。"格"是人格，"局"是胸怀。正是凭借着优秀人格和广博胸怀的完美结合，才让杰出人物有了与众不同的视野和观点，才让他们拥有了更多的朋友和资源，从而拥有了获得成功的良好基础，有了提升人生高度的可能。

缺乏格局，再努力也是在做无用功

> 谋大事者首重格局。
>
> ——曾国藩

"志当存高远"一句出自《诸葛亮集·诫外甥书》。志者，心也，超然物外，方能品味极致人生的重大意义。也就是说，一个人要有远大的志向，才能产生大动力、大意志，个人的潜能才能得到最大限度的开发和挖掘，人生的格局才能树立一个好的开端。也就是说，对青少年而言，你的格局有多大，目标就有多大。

一位老者在海边垂钓，周围的游客正在围观。不一会儿，老者钓上了一条三尺长的大鱼，但是他顺手解下了鱼嘴上的鱼钩，将大鱼放回了大海。围观的游客一阵惊呼，这么大的鱼还不能令他满意，瞬间觉得老者的雄心很大。

就在游客们屏息以待之际，老者的钓竿一扬，钓上来一条两尺长的鱼，他仍然淡定地解下鱼钩，把鱼放回大海。游客们有些膜拜了。

第三次，老者钓起来的是一条一尺长的小鱼。围观的游客认为这条鱼也会被放回大海中，可是老者把它放进了鱼篓。围观的游客百思不得其解，其中一人问："为什么舍弃大鱼而留下小鱼呢？"老者回答说："我家的鱼盘刚好放得下这么大的鱼。"

老者之所以舍弃大鱼而留小鱼，原来是因为家里的盘子盛不下三尺和两尺的大鱼。在生活中，有时我们也会像这位老者一样，当我们好不容易找到自己的梦想时，就会想："我能实现吗？我有那个能力吗？"开始不断怀疑自己，并在半路上放弃实现梦想的行动，那么我们就永远不会成功。

有这样一句话：再大的烙饼也大不过烙它的锅。它的哲理是：你可以烙出大饼来，但是你烙出的饼再大，它也得受那口锅的限制。一粒石榴种子放到花盆里栽种，最多只能长到半米多高；放到缸里栽种，能够长到一米多高；放到庭院里栽种，就能够长到四五米高。我们的人生就像这张大饼、这粒石榴种子一样，完全取决于那口锅、栽种石榴种子的盆——这就是所谓的"格局"。

如果我们把人生当作一盘棋，那么人生就由这盘棋的格局决定。要想赢得人生这盘棋的胜利，关键在于把握棋局。在人生的对弈中，舍卒保车、舍车保帅、飞象跳马等种种走棋就如人生中的每一次博弈，棋局的赢家往往是那些有着先予后取的度量、统筹全局的高度、运筹帷幄之中而决胜千里之外的方略与气势的棋手。

总之，格局决定了人生上限。一个人有什么样的格局就有什么

样的结局。格局决定了你看到的是什么，决定了你做出的选择，并

最终决定你未来成就的大小。缺乏格局，再努力也是在做无用功。

作为青少年，在离开家庭和学校前，你应清楚地认识到这个道理，

格局决定了你的人生。

认得清自己，才能看得清未来

> 你认为自己是什么样的人，就将成为什么样的人。
>
> ——安东·契诃夫

一位刚入学的学生满面愁云地问自己的老师："老师，我最近很纠结。有的人说我是天才，将来必有一番作为；但也有的人说我是笨蛋，一辈子也不会有多大的出息。依您看，我到底是天才还是笨蛋呢？"老师反问："你是怎样看待自己的？""我？"学生一脸茫然。老师解释说："无论有人抬高你，还是有人贬低你，你就是你。你究竟是怎样的你，在于你怎么看待你自己。"

的确，很多人可能都会有这样的经验，就是在那些不设防的时刻，别人一句出其不意的表扬或赞美的话，就会被自己接受，成为自我认知的一部分，最后连自己也不清楚自己到底是怎样的人了。一个连自己都看不清的人，又怎么会看得清自己的未来呢？著名诗人歌德一度没能认识自己的长处，害得自己浪费了十多年的光阴，为此他感到非常后悔。

　　美国前总统罗斯福，小时候是一个脆弱胆小的学生，在课堂中他总是表现出一种惊惧的表情，呼吸就好像喘大气一样。如被老师叫起来背诵时，他会立即双腿发抖，嘴唇也颤动不已，说起话来也含含糊糊，吞吞吐吐，最后只能在大家的哄笑声中颓然地坐下。由于牙齿的暴露，他没有一副好的面孔。

　　这个时候的罗斯福很敏感，他通常会回避同学们组织的任何活动，不喜欢交朋友。虽然罗斯福有这方面的缺陷，但他有着奋斗的精神。实际上，罗斯福的缺陷使他加倍地努力奋斗。他没有因为别人对他的嘲笑而失去勇气，他喘气的习惯变成了一种坚定的嘶声，他咬紧牙使嘴唇不颤动而克服他的害怕心理。

　　罗斯福比任何人都了解自己，他知道自身的种种缺陷。他勇敢地用行动证明了自己能够克服先天障碍而获得成功。

　　只要是能克服的缺点，他都会克服，不能克服的他也会加以利用。通过练习演讲，他学会了利用一种假声掩饰他那让人发笑的暴牙，以及他的打桩工人的姿态。虽然他没有洪亮的声音或庄重的姿态，也不像其他人那样具有惊人的辞令，然而，在当时他却是最出色的演说家之一。

　　面对自己的严重缺陷，罗斯福并没有表现出退缩和消沉，而是深入剖析自己的缺陷和优势，努力克服缺点并扬长避短，才成就了他辉煌的人生。

　　很多成功的人都是能认清自己的人。大学时，别林斯基一度想做演员，可是他连一点表演的天分也没有，后来他发现自己有一种识别天才的非凡才能，于是便写文章评论果戈理、普希金等人，终于成了伟大的文艺理论家；珍妮·古多尔清楚地知道自己没有过人的才智，但在研究野生动物方面却有超人的毅力和兴趣，而这也是做这一行所必需的。因此，她便走进非洲森林里考察黑猩猩，终于成了一位有成就的科学家。

古人说得好："知人者智，自知者明。"一个人正确地认识自己，不仅是一种能力，也是一种智慧。作为青少年，你要全面认识自己，善于发现自己的缺点和优点，进行深刻的自我剖析。只有认清楚这些，才能实现自己的抱负，成就美好的未来。那么，青少年如何认清自己呢？

1. 反省自己

反省是认识自己的一种有效手段，你可以对自己所经历的成功和失败进行不断的反省，认清自己的优缺点，从而脱离旧我，认识新我，把握未来生活的方向。

2. 通过他人来认识自己

为了对自己有一个更全面、准确的认识，你可以通过他人，如同学、朋友和亲人对自己的看法来了解自己。你可以在网上做一份匿名的调查问卷，设计一些具体问题，来了解他人是怎样看待自己的。

3. 向比你更有学识或有经验的人求助

认清自己也需要有高人指点。当你迷茫、无所适从、苦于自身发展时，你可以找那些比你有学识或有经验的人为你指点迷津，你会从困境中走出得更快。

4. 通过实践认识自己

在实践中，你可以发现自己的才能和禀赋，洞察自己的优点和不足，从而扬长避短，以勤补拙，成为命运的主人。

滚吧，拖后腿的偏见

> 思想上的偏见必然导致行动上的不公正。
>
> ——斯·茨威格

偏见是什么呢？《中国大百科全书·心理学卷》所下的定义是："偏见是指根据一定表象或虚假信息相互做出判断，从而出现判断失误或判断本身与判断对象的真实情况不相符合的现象。"而美国社会心理学家阿伦森是这样界定偏见的："人们依据有错误的和不全面的信息概括而来的、针对某个特定群体的敌对的或者负向的态度。"

比如，有些人会有这样的偏见：白人不如黑人善于运动，黑人不如白人善于学习；女生不如男生擅长数学，男生不如女生擅长表达；等等。

在《晏子春秋·外篇》中记载了这样一个故事。

一次，孔子和他的几位学生来到齐国，拜见了齐景公，而没有去拜见晏子。

孔子的学生子贡说："拜见齐君，而不去见他的执政大夫晏子，这样可以吗？"

孔子说："我听说晏子侍奉过三位国君，都很顺利。但我很怀疑他的为人是否正派。"

晏子得知后，说道："我世代为齐民，不思己行，不识己过，是不能自立的。我一心一意，为国为民，辅佐过三位国君，都很顺利。可我如果三心二意地去侍奉国君，也未必顺利啊。如今，未见我的作为，却对我的顺利进行质疑。我听说，君子独立无愧于身影，独寝不惭于灵魂。孔子妄自议论他人，这就好比湖人非难斧头，山民非议渔网。开始，我见到儒者，觉得他们很尊贵；而今，我倒觉得他们非常值得怀疑。"

孔子听说晏子的这些话后，后悔地说："我孤陋寡闻，口不择言而微词他人。这使我几乎错怪了一位贤人。"于是，孔子让弟子宰予先去向晏子谢罪，后又去拜见了晏子。

孔子之所以对晏子有误解，是因为孔子对晏子有偏见。偏见是鲁莽的表现，是狭隘之心的外露。它是一种不正确的态度，对人们的生活、学习都会产生非常不利的影响。

美国心理学家罗伯特·罗森塔尔等人做过的实验证明，如果老师对某些学生持有积极的看法，即使老师的看法可能是不正确的，这些学生的课堂表现也会有显著进步，学习成绩也会提高；如果学生知道老师对自己有消极的看法，那么这种消极的期望可能会变成他自我实现的预言，他的课堂表现就会消极，成绩会变得很差，并且还会形成自卑的心理。这种实验结果在其他环境中也具有这种效果。

受到偏见的影响，人们对世界做出缺乏理性思考的反应，盲目地行动，到头来误解了他人，也伤害了自己。令人担忧的是，许多人并没有意识到自己头脑中固有的偏见，仍在错误的道路上越走越远。因此，消除偏见是一项极为重要的工作。那么，青少年如何才能消除偏见呢？

1. 抱持开放心态，用接纳和包容代替主观判断

斯·茨威格说："思想上的偏见必然导致行动上的不公正。"对待不同的人和事，我们不应着急下结论，要多听听不同的意见，充分理解其背后的真正内容。而不是用有限的观念"以偏概全"，得出自己的结论。

2. 熟悉对方的独特性

在生活中，我们会接触各种各样的人，但很多是我们不熟悉的人，对他们的认识也是肤浅的。如果我们能够详细地了解他们的性格、能力、爱好、抱负等，将会减少偏见的产生。

3. 保持平等心处事

平等心，是把别人看成和自己一样的人，甚至于在某些方面强于自己的人，这样才能保持一种谦卑、虚心的心态来待人接物。这样对方也会以同样的心态看待你，从而形成双方的良性互动。

4. 多跟别人交流

在遇到问题时，我们最好与对方当面交流，或是通过别人了

解他，或把自己的想法告诉第三个人，让他去转答，目的是解释困惑，避免相互对对方产生错误的认识。

5. 提高知识修养水平

一个人认知能力越低，越容易有偏见。一个人知识修养水平越高，观察和分析问题的能力越强，偏见越少；反之，则容易受流言蜚语、道听途说的愚弄，而对人形成偏见。

不自我设限，发现更优秀的自己

> 人生最大乐事莫过于实现人们认为我们无法完成的事情。
>
> ——华特·贝基哈特

自我设限是在自己的心里默认了一个"高度"，这个"心理高度"常常暗示自己：这么多困难，我是不可能做到的，也无法做到，成功机会几乎是零。心理学中有这样一个著名的实验。

把跳蚤放在桌子上，一拍桌子，跳蚤会因受惊而迅速跳起，跳起高度均在其身高的100倍以上，堪称世界上跳得最高的动物。然后将跳蚤放置于容器中，盖上一个玻璃板，一拍桌子，跳蚤就会受惊跳起来碰到玻璃板；连续多次后，跳蚤改变了起跳高度以适应环境，每次跳跃总保持在玻璃板以下高度。最后，科学家把玻璃板打开，再拍桌子，跳蚤竟然跳不出容器了。

跳蚤在没有玻璃容器限制的情况下，堪称"跳高能手"，之所以拿掉玻璃板后它再也跳不出容器，并非因为它跳不高，而是因为它给自己设限了，于是再也突破不了这个限制了。

心理学认为，自我设限存在自我防御和防卫行为，这种防卫行为虽然可以防止自身能力不足带来的挫败感、暂时维护自我价值感，但是常常剥夺了设限者的成功机会。

生活中，很多人由开始的勇往直前追求成功，变成了不敢追求成功，很多时候并不是能力和机遇的问题，而是因为他们给自己制定了一个心理高度，并且不断地告诉自己，我无法跳跃这个高度。"心理高度"是人无法取得成就的重要原因之一。它是一块巨石、顽石，在人生及事业成长的道路上，阻碍着人们前进。

1954年以前，没有人能够想象4分钟跑完1英里（1英里≈1609米）是什么概念，因为很多专家认为，4分钟跑完1英里，也就是1.6千米是超出人类生理极限的运动，会导致心脏不堪负荷而爆炸。

当时世界一流的运动员约翰·兰迪说："这就好比试图穿越一堵墙，4分钟跑完1英里已非我能力所及。"然而1954年5月6日，在英格兰的一次竞技赛上，英国医学院学生罗杰·班尼斯特仅用3分59.4秒便跑完了1英里，成为第一个在4分钟内跑完1英里的人。

班尼斯特创造的纪录不仅被载入史册，更向世人证明了这一速度并非无法实现。更加令人称奇的是，仅在时隔六周之后，约翰·兰迪再次刷新了这一纪录，他用时3分57.9秒便跑完全程，堪称奇迹。在此后的三年中，又有16位运动员先后突破了曾一度被认为"无法逾越"的4分钟大关。

运动员们的成绩纷纷提高要归功于班尼斯特打破了"1英里跑4分钟"的心理障碍。他的行动证明了4分钟内跑完1英里完全是有可能的，而人们所说的障碍往往仅存在于心里默默地、情不自禁地给自己设下一个局限，而这个局限会给人的思维、潜力框上一个框子，形成一种心理暗示。这种心理暗示使自己一直处在那个框框中，不能超越，最后也不会成功。

青少年要知道，这个世界上没人会阻止你出人头地，除了你自己。因此，不自我设限，才会成就更优秀的自己。那么，具体来说，青少年如何才能快速打破自我限制呢？

1. 保持积极的心态

成功学大师拿破仑·希尔说："积极的心态，就是心灵的健康和营养。这积极的心灵，能吸引财富、成功、快乐和身体的健康。消极的心态，却是心灵的疾病和垃圾。这样的心灵，不仅排斥财富、成功、快乐和健康，甚至会夺走生活中已有的一切。"

当遇到挫折和困难时，青少年可以对自己说"我行，我能行！""我喜欢我自己！""我是负责任的！""我是最棒的！""我一定要成功！""今天将有最好的事发生在我身上！"等，让这种信念一直伴随自己，必定会成功。

2. 提升个人能力，打破发展瓶颈

成功总不是那么容易的。只有不断提升个人能力，才能打破个人发展的瓶颈，找到新的发展空间。当个人的能力提升了，你就可以对一切困难说"不"，就可以少些设限，多些成功的畅想。

3. 想办法而不是找借口

成功者之所以成功，是因为他们遇到困难时总是集中精力去寻求解决办法，而失败者总是集中精力去为自己寻找借口。为失败找借口，是一种自我保护意识，目的是缓解失败带来的压力，为自己寻求心理平衡，这样的人是永远不会成功的。

修炼格局，创造属于自己的世界

> "格"是人格，"局"是胸怀，两个都干好，那叫太有才！
>
> ——马云

在成功的道路上，情商与智商固然重要，但还有一样不能忽视，那就是格局。格局是一个人对自己人生坐标的定位。它不是先天的，和自己目前的人生环境也没有必然的联系。作为青少年，只要你能够调整心态，就一定能修炼成大格局。

1. 气量：越计较越得不到

气量中的"气"可同"器"，器皿是用来装东西的，容积越大，能装下的东西越多，得到的东西也就越多。这就好像是人的气量，胸怀越宽广，能容下的人或事越多，在做事时越有气度，如此才能成大器。

气量大的人不会在小事情上斤斤计较，他的胸怀就像大海一样宽阔无边，正因为这样的大气量才能包罗万象，不拒绝任何特别或平凡的事物，同时，他能利用心中本有的明镜，看清每个人以及每件事的好处与坏处，最终得到想要的，成就其大。

法国作家莫鲁瓦这样深刻地指出："我们常被一些应当迅速地忘掉的微不足道的小事干扰并且失去理智，我们活在这个世界上只有几十个年头，然而我们却为纠缠无聊琐事而白白浪费了许多宝贵的时光。"气量小、容易计较的人花了很多精力去计较小事，就少了很多心思和时间去关注自己要做的大事，更容易在这种计较中忘记自己的目标，从而因小失大。

2. 智慧：智慧越大，思维越灵活

一个人能否看得出隐藏在事物表面之下的规律，显示了这个人智慧的大小。在处理某些事情的时候，很多人往往被事物表面错综复杂的表象迷惑，不能抓住事情的本质以及事物发展的规律，总是被事物的表象牵着鼻子走，到最后只能陷入被动和失败。相反，一个拥有大智慧的人能看清事情的本质，懂得如何去正确处理，能够获得成功。

3. 眼界：视野越开阔，人越有远见

眼界取决于角度。有的人用"直角"，看到的是世界的一个扇面，或者事物的一个侧面；有的人用"广角"，看到的虽不是全部，但也有精彩的部分；有的人用"全角"，他们眼观六路，耳听八方，通晓古今，视野广阔，看到的是完整的世界。

一个人只有看待事物长远、宽阔，这样才能走得更远。人无远虑，必有近忧，如果只盯着眼前看，势必有些目光短浅。

4. 责任：责任会放大一个人的格局

一个人有了责任心，就有了担当的勇气，也就会放大我们做事

的格局和使命感。而枉顾责任的人，只想着自己的利益得失，往往会失了信誉，丢了格局。因此，一个人格局有多大，就看他能承担多大的责任。

一位年迈的老木匠辛苦一生建造了无数所房子。有一天，他想要回家安享晚年，于是跟老板辞别。老板多次劝说老木匠，但见他去意已决，于是让他建完最后一所房子再离开。老木匠只好答应。

他归心似箭，在动工后注意力并没有完全集中到工作中来，建好的房子有很多缺点，连房梁都歪了。完工的那天，老板却把新建好的房子的钥匙送给了他，说是临别的礼物。

顿时，老木匠愕然了。他从没有想到，自己一生中建了无数精美又结实的房子，最后却只得到了这么个粗制滥造的礼物。

5. 开放：打开心扉，迎接成功的来临

墨守成规，因循守旧，只会让人故步自封，从而打不开自己的格局。因此，要想人生的格局更广阔，就必须打开心扉，学会接受新事物，善于主动发现新事物来拓宽自己的格局。

当然，要想打开心扉，迎接成功的来临，就要多培养创新意识，不能满足现有的思想、观点和方法，要通过多思、多想、多问、多观察来推陈出新，让大脑形成思维上的多维性、灵活性等。

6. 风度：广其心，方可博其道

风度最早是用来形容一个人文采出众，后来延伸至礼数。风度

的本意是指人的举止姿态，是一个人内在实力的自然流露，也是一种魅力。它主要取决于人的气质、礼仪、口才、形象等，是人们最直观的素质。

第二章

人的品格，最经得起风雨——
人格是一切价值的根本

品格是人的立身之本，是通向成功的第一阶梯。品格直接决定了一个人的人生走向和事业成就的高低。成长中的青少年要想在未来获得成就，就要先锤炼出优秀的品格，因为优秀的品格是人生大厦的基石，是决定人生成败的终极力量。青少年正处于人格形成的关键时期，只有培养好品格、打好基础，未来的道路才会更宽广，前程才会更远大。

百善孝为先，孝敬父母当第一

百善孝为先。

——古语

　　孝顺是太阳，给人带来温暖；孝顺是大山，给人带来依靠；孝顺是宝石，是一笔财富。孝顺是中华民族的传统美德，是我们屹立在世界东方的一张名片。中国有句流传很久的古语："百善孝为先。"意思是说，孝敬父母在各种美德中占第一位。如果一个人不懂得孝敬父母，就很难想象他会热爱祖国和人民。

　　相传我国伟大的思想家、教育家孔子一生弟子三千，其中贤弟子七十二人。这七十二人中有一个叫子路的人，在所有的弟子中他以政事著称，尤其以勇敢闻名。

　　小时候的子路家里非常穷苦，常年靠吃粗粮、野菜生活。有一阵子，子路年老的父母总念叨着要是能吃上一顿米饭该多好啊！可家里实在一点米都没有了。一天，子路突然想：如果自己能翻过几道山到亲戚家借点米，不就能够满足父母的这点要求了吗？

于是，年龄不大的子路不顾山高路远，翻山越岭走了十几里路，从亲戚家借到了一些米，然后又马不停蹄地往家赶。晚上，子路看着满天的繁星，一个人走在漆黑的道路上还真有些害怕，但想到家中的父母，子路快步地往前走。

回到家里，子路蒸好了米饭，他自己一口都不舍得吃，全部端到父母面前给父母吃。看到父母吃着香喷喷的米饭，子路也忘记了劳累。邻居们听后都夸他是一个勇敢、孝顺的孩子。

"子路借米"的故事告诉我们要做孝敬父母的人。孔子说："孝为立身之首。"孝道不仅是中华民族优良的传统美德，更是每一个子女应尽的责任和义务。作为青少年，你更应用自己的实际行动来报答父母对自己的恩情，帮父母做一些力所能及的事情，哪怕是一件微不足道的事情，如帮父母提一桶水，为父母做一次饭等，都能体现你的爱心和孝心。如果缺乏行动，再出众的才华，再强大的力量，也无法报答父母对自己的养育之恩。

一天，三个妇女围在一口井边打水。她们聊起了家常，其中一个妇女说："我的儿子会唱歌，唱得像夜莺一样悦耳，谁也没有他那样的好歌喉。"

听她说完，第二个妇女撇了撇嘴说："嘿，我的儿子可有力气了，简直就是个大力士，谁也比不上他。"

前两个妇女把自己的儿子夸赞了一通，现在轮到最后一位了，可她默不作声。那两个妇女见她不说话，就问："你不是也有一个儿子吗？你说说他怎么样。"

"我的儿子不像你们的儿子有那么多优点，他就是生性老实。"第三个妇女微笑着说道。

三个妇女打满水，拎在手中往村子里走去。有一位过路的老汉刚才一直听她们说话，这时也跟着她们往前走。

一会儿，迎面跑来了三个男孩：一个男孩唱着悦耳的歌；另一男孩走起路来咚咚直响；最后一个男孩跑到母亲跟前，从她手中接过沉重的水桶，提着回家了。

妇女们问老汉："我们的儿子如何？"

老汉回道："我只看到一个儿子！"

这个小故事蕴含着大智慧：发自内心的孝，是实际的行动。青少年朋友，让我们行动起来，用行动传达孝的信息，将中华民族的这种美德传承下去，让我们用行动为孝撑起一片蓝天。

诚信，一笔你看不见的财富

> 失足，你可以马上恢复站立；失信，你也许永难挽回。
>
> ——富兰克林

什么是诚信？诚，就是要实事求是、不扩大、不缩小；信，就是要一言九鼎，说到做到。诚信就像一轮明月，唯有与高处的皎洁相伴，才能衬托出对待生命的态度；诚信就像一个砝码，把它放在生命的天平上，摇摆不定的天平就会向诚信的一端倾斜；诚信更像是高山之水，能够在浮动的社会里荡涤铅华，洗尽虚伪，露出真诚。

"三杯吐然诺，五岳倒为轻。"这是李白《侠客行》中的诗句，形容承诺的分量比大山还重，说明诚信的重要性。诚信是中华民族的传统美德，是中国人颇为崇尚的品质，并在五千余年的历史中留下了无数感人至深的诚信故事。

晏殊是北宋著名的文学家、政治家，14岁时被称作"神童"的他被地方官员推荐给朝廷。本来他不用参加科举考试就能得到官职，但他并没有那样做，而是毅然参加了考试。

凑巧的是，那次考试的题目是晏殊以前做过的，也得到过多位名师的指点。结果他很自然地从数千名考生中脱颖而出。但晏殊没有因此而骄傲，而是在接受复试时把这件事情告诉了皇帝，并请求皇帝另出题目，当堂考他。皇帝与大臣们商议后出了一道更难的题目，让晏殊当堂作文。结果，他的文章得到了皇帝的夸奖。

晏殊当官后，每天回到家都会闭门读书。皇帝了解到这个情况后十分高兴，于是点名让他做了太子手下的官员。当晏殊去谢恩时，皇帝开始称赞他，而晏殊却说："其实我是个喜欢游玩的人，只是因为家里贫穷没法出去，只能在家读书。我是有愧于皇上的夸奖的。"皇帝又称赞他既有真才实学，又诚实质朴，是一个非常难得的人才。没过几年他被升了官，做了宰相。

故事中的这两件事使晏殊在皇帝面前表现出了自己的诚信，令皇帝更加信任他，并提拔他做了宰相。可以说，诚信是一笔看不见的财富，它将会给一个人带来成功和好运。作为青少年，我们应该学习晏殊这种诚实、表里如一、不弄虚作假的好品质。

诚信是一个人的立身之本，如果失去诚信，将会失去成功的机遇甚至更多。《郁离子》中就记载了一个因失信而丧生的故事。

有一个商人过河时船沉没了，他紧抓一根大麻秆大声喊："救命啊……"有个渔夫听到呼救声跑过来。商人急忙喊道："我在济阳是最大的富翁，如果你能救我，我给你一百两金子。"可商人被救上岸后却翻脸不认账，只给了渔夫十两金子。渔夫抱怨他不守信用，说话不算数。商人则回应说："你一个渔夫，一辈子能挣几个钱，给你十两金子还不满足吗？"渔夫没有说什么，只好愤愤离去。

十分巧合的是，这个商人又一次在那个地方翻船了。有人想去救他时，那个曾被他骗过的渔夫阻拦说："这个人不守信用，何必救他！"结果，商人淹死了。

故事中商人两次翻船都遇到那个渔夫，虽是偶然，但商人的结局却是必然的。因为如果一个人不讲诚信，那么他就会失去别人对他的信任。当他需要别人的帮助时，其结果就是没有人愿意站出来救他。

诚信这一品质在任何年代都不过时。曾经，马云为了一个承诺，在大学做了六年老师，即便身边的同事一个个离开，一个个去寻找新的机会，马云依然不为所动，兢兢业业地完成属于自己的工作；在创业之初，马云说出过很多在外人看来纯属痴心妄想的豪言壮语，但是在马云眼中，他说的每一句话都是真诚的承诺，为了兑现承诺，需要付出自己最大的努力。正是这种一诺千金的格局，让马云变得与众不同，也做出了别人难以做出的成就。因此马云始终坚信，只有诚信的人才会得到成功的青睐。

作为新时代的青少年，要从自身做起，言必信，行必果，做到表里如一、言行一致、光明磊落。

相信自己，成功就在不远的前方

> 自信是成功的第一秘诀，自信是英雄主义的本质。
>
> ——爱默生

有位作家说过："我从未看到哪个充满自信，肯定自我能力，并朝着自己的目标全力以赴、勇往直前的人无法成功。"自信是一种心境，有信心的人不会消极、沮丧。每次遇到问题，都会把问题当成人生中的挑战，给自己一次修炼的机会，给自己一次提升的机会。

在英国的一个小镇里有一个小女孩叫玛格丽特，她生活在一个家教很严的家庭中。她的父亲常对她说："不管做什么事情都要力争一流，不能落后于人。"父亲从不允许她说"太难""我不能"之类的话，希望她"即使是坐公共汽车，也要永远坐在前排"。

正是由于父亲这种"残酷"的严格要求，玛格丽特拥有了积极向上的信心。在人生历程中，她谨记父亲的教导，总是抱着力争一流的精神和必胜的信念，尽自己最大的努力克服所有挫折，以自己的行动实践着"永远坐在前排"。

她上大学的时候，学校要求学生用五年的时间来学习拉丁文课程，但是玛格丽特凭借着自己永争第一的信念和顽强拼搏的精神，只用了一年的时间就读完了拉丁文课程，而且最后成绩也非常优秀。同时，玛格丽特在体育、音乐、演讲方面也都表现很出色。她所在学校的校长曾这样评价她："在我们建校以来，玛格丽特是非常优秀的学生，她总是雄心勃勃，每件事情都做得非常棒。"

1943年，玛格丽特进入牛津大学学习化学专业，但对化学的热情远没有她对政治的热情那么高涨，她到学校没多久就加入了保守党协会并成为主席。18岁时，她曾说："政治已融进了我的血液。"大学毕业后，她进入一家塑料制造公司工作，但她并没有因此放弃自己的追求。周末的时候，她常常乘车到伦敦或其他地方去参加保守党的会议、辩论、群众大会等活动。她把工作挣来的钱当作参加政治活动的经费，而且对此没有丝毫犹豫和吝惜。

1979年，保守党大选获胜，玛格丽特出任首相，成为英国历史上第一位女首相。凭借"永远坐在前排"的心态，她雄踞政坛11年之久。她就是被世界政坛喻为"铁娘子"的玛格丽特·撒切尔夫人。

"永远坐在前排"是一种积极、自信的人生态度，是英国前首相玛格丽特·撒切尔夫人的一条人生信条，也是她取得巨大成就的关键。撒切尔夫人正是在她的学生时代，养成了这种"永远坐在前排"的人生态度。她的成长道路告诉我们，一个人的求学生涯以及在此过程中培养的品质和精神，对他的一生都有着重要的影响。

马云是一个非常自信的人，常常说出一些语不惊人死不休的豪言壮语。而人们对马云的评价是"大忽悠"，很多人认为他只是在吹牛而已，更有人等着看马云把牛皮吹破那一天的悲惨境况。但最后马云成功了，而且是在别人并不看好的情况下。这一切得益于马云的自信，他用自信感染自己的员工，让所有的员工都建立相同的愿景。

美国浪漫主义诗人华兹华斯对自己就有一种强烈的自信。他年轻时就敢确定自己以后在英国文学史上的地位，并毫不掩饰自己的想法。

美国发明家、缝纫机的先驱艾利亚斯·豪依在试验缝纫机的时候，忽视了家人和工作，生活在穷苦与悲惨之中，被人们嘲笑。但是他对自己能够取得成功充满了信心。最终，他给这个世界带来了最富有价值的发明创造之一。

总之，自信拥有将所有机能调动、联合起来的神奇力量。不论一个人多么才华横溢，如果他没有了自信，那么也是难以发挥出来的；没有了自信，他就无法将心理活动联系起来，没法协调自身的能力，当然也就不能取得任何成就。

许多人之所以失败，并非因为他们缺乏对自身缺点的了解，而是因为他们对自身的才华视而不见。作为青少年，你要相信自己，而树立自信的关键在于你的内心。只要能够在自己的内心树立起自信，你就会和所有的伟人及成功者一样，能够拥有卓越的人生。

　　另外，青少年也可以通过一些方法培养自己的自信。比如，你可以通过努力，在某一方面突破自己，它会给你带来自信，而这种自信也会扩展你的其他方面；或者积极参与集体活动，在集体活动中不断培养自信心。当然，你也可以通过一些简单的小方法提升自信。研究表明，当人们用更低的音调说话时，会感到更强大、更自信，而且更易于抽象思维。因此，要培养自信，压低你说话的音调是个不错的方法。

自立、自强，谁也不能代替你成长

> 凡是自强不息者，最终都会成功。
>
> ——歌德

自立是靠自己的劳动生活，不依赖别人；自强就是不安于现状，依靠自己的努力不断向上。自立、自强是一种良好的品质、一种可贵的精神。

如果一个人总是依靠别人的帮助或指点才能够行动，那么这个人一旦失去了别人的帮助或指点，他就没有独立生存下去的能力。

一个依赖性强的人，在以后的人生道路上会处处碰壁。相反，一个独立意识和独立能力强的人，不管以后面对什么样的困难，他都会立于不败之地。

康熙年间，贵州巡抚刘荫枢退休还乡后，想为自己的家乡——陕西韩城修建一座桥。韩城是一个多山、多水、多沟壑且交通不便的小县城。县城南有一条澹水河，水深齐腰，河上仅有一座浮桥。

只要有暴雨，水涨桥断，行人经常被阻隔。

他的儿女们反对他："您老做了一辈子高官，我们做儿女的却没沾到一丁点光。现在好不容易盼您回家，您还是不顾我们。"

听到这番话后，刘荫枢很伤心，他觉得自己忽视了对子女的教育。于是，他拿出自己所有的积蓄，修建了大桥，取名"濂水石桥"。

大桥修好后，刘荫枢对子女们说："我用我所有的积蓄修建大桥是想告诉你们，自己的路自己走，自己的生活自己去创造，靠天、靠地不如靠自己。"

后来，他又将这座桥以三两银子的价格卖给了韩城县，彻底打消了子女的依赖心理。

刘荫枢的所作所为深深地打动了他的孩子，最后他的孩子也都成了国家的栋梁之材。

一个人一旦放弃依赖他人的念头，就会变得自立、自强，那么他也就走上了成功的道路。陶行知的《自立歌》中这样写道："滴自己的汗，吃自己的饭，自己的事自己干。靠人、靠天、靠祖上，不算是好汉！"

自立、自强是青少年成才必须具备的条件与素质，是一种良好的学习和生活习惯，也是一种积极的生活态度。作为青少年，你一定要学会自立、自强。

比如，能独立地科学安排自己的生活，解决自己生活中的问题；能自主地合理安排自己的时间，处理自己生活和学习中的问题等。只有这样，你才能够真正地成长，才能在以后的人生道路上获得成功。

勇敢向前一小步，你就会成功一大步

> 勇敢里面有天才、力量和魔法。
>
> ——歌德

每一个人都会有自己惧怕的事物，每一个人也都会有极限。所谓极限，其实是我们以胆怯为名，给自己限定了一个高度，认为自己不可能突破这个高度。

安格拉·默克尔出生在德国北部的一个港口城市，妈妈是英语和拉丁语教师，爸爸是当地一位有名的神学院院长。安格拉的父母对她要求特别严格，总希望她能够出类拔萃。安格拉牢牢地记着父母的教诲，她在各个方面的表现都很努力，即使在最差的体育方面。

有一次在体育课上，老师要求同学们在跳水台上练习跳水。一群女孩都已经从3米的跳台上勇敢地跳下了水，只剩下安格拉一个人没有跳。她一个人呆呆地站在原地，就是不敢往前迈出一步。尽管老师和同学都在旁边鼓励她，但她就是害怕。

"马上就要下课了。"老师语气中带有一些责备的意思说道。安格拉听后显得更紧张了，但是她慢慢往后退了一小步，又前进了一大步，往游泳池看了看。然后，她紧紧地闭上了双眼，果敢地跃起，纵身跳入泳池。

一会儿，旁边的一位同学问安格拉："安格拉，我们为你感到骄傲，你是如何战胜自己的胆怯的？"她用发颤的声音不紧不慢地说道："我突然想起了爸爸说过的一句话，他说'在困难的时候就算闭着眼睛也要往前迈一步。'"大家听了这句话，都受到了鼓舞，纷纷报以更热烈的掌声。

正是由于这样一个信念，安格拉勤奋好学，勇敢地面对一个又一个困难，获得了一次又一次的成功。当安格拉在竞选中击败德国前任总理施罗德获得成功，成为德国历史上首位女总理后，有记者问她如何能坚持到最后并取得胜利时，她笑了笑，说自己想起了小时候的那次跳水。

在安格拉·默克尔小的时候，她牢记爸爸那句鼓励的话，在跳水台上勇敢地迈出了自己小小的一步，使她明白要想获得成功，只需鼓起勇气迈出自己心里的那一步。在安格拉以后的人生中，这种信念还一直鼓励着她。

可以说，勇敢就是成功的象征。与之相反，懦弱只能原地踏步。一位叫福尔顿的物理学家，由于研究工作的需要，测量出固体氦的热传导度，但其测量的结果比传统理论高出500倍。福尔顿觉得这个差距太大了，如果公布了数据，难免被人嘲笑，因此，他没有声张。后来，美国一位年轻科学家也做了同样的研究，测出的结果和福尔顿的完全一样。这位年轻的科学家勇敢地公布了自己的测量结果，并很快引起了大家的广泛关注。这时的福尔顿感到很后悔，自己要是勇敢一些，那位年轻的科学家就不可能抢走自己的荣誉。

　　青少年在生活和学习的过程中会遇到各种困难，面对困难时相信每个人都会感到害怕，甚至是恐惧。这时，能够解决你面前问题的唯一方法就是勇敢地向前迈出一步，哪怕进步一点点，也要敢于迈出。

正直，让人生发挥最大效力

> 做一个圣人，那是特殊情形；做一个正直的人，那是为
> 人的正轨。你们尽管在歧路徘徊、失足、犯错误，但是总应
> 当做一个正直的人。
>
> ——雨果

正直是一个人人生的道德之基。要想做一个有道德的人，就必须先做到正直。这就好比盖楼房，在盖之前，就必须先打好地基，如果连地基都打得不牢固，就算楼房盖得再高，也总有一天会塌下来。

在人类几千年的文明历史进程中，我们的先哲们在谈到做正直的人方面积累了许许多多的至理名言，给我们树立了做人的典范。

晋平公做皇帝的时候，有一个叫南阳的地方缺一个官。

晋平公问祁黄羊："你认为谁可以当这个县官？"

祁黄羊说："解狐这个人不错，他当这个县官合适。"

晋平公很吃惊，他问祁黄羊："解狐不是你的仇人吗？你为什

么要推荐他？"

祁黄羊笑着回答道："您问的是谁能当县官，不是问谁是我的仇人呀。"晋平公认为祁黄羊说得很对，就派解狐去南阳做县官。解狐上任后，为当地百姓办了不少好事，受到当地人的普遍赞扬。

不久，晋平公又问祁黄羊："现在朝廷里缺一个法官，你认为谁能担当这个职务？"祁黄羊说："祁午可以担当。"

晋平公又很吃惊地问："祁午不是你的儿子吗？"祁黄羊说："祁午确实是我的儿子，可您问的是谁能去当法官，而不是问祁午是不是我的儿子。"晋平公很满意祁黄羊的回答，于是又派祁午当了法官，后来祁午果然成了公正执法的好法官。

孔子听说这两个故事后称赞说："好极了！祁黄羊推荐人才，对别人不计较私人仇怨，对自己不排斥亲生儿子，真是大公无私啊！"

这个故事出自《吕氏春秋·去私》，它说明祁黄羊具有处理事情公正、不偏向任何一方的做人品质。在人的一生中，决定个人价值和前途的不是聪明的头脑和个人的才华，而是正直的品格。一个人即使没有文化，能力平平，一贫如洗，但只要品德高尚，就能产生影响力。因为具有这种品质的人，一旦和坚定的目标结合起来，他就有无比强大的力量，他就有力量做善事，有力量抵抗邪恶，有力量战胜各种困难和不幸。

青少年正处于人格形成的关键时期，一定要养成正直的品性，只有这样，你的人生才能发挥出最大的效力。

善良是人内心稀有的珍珠

> 利人的品德我认为就是善。
>
> ——培根

善良是一个人最宝贵的品质。法国作家雨果说得好："善良是历史中稀有的珍珠，善良的人几乎优于伟大的人。"

在很久以前，一个热爱音乐的年轻人因为家里贫穷，买不起钢琴，于是他只好每天到一所小学去练钢琴。他喜欢作曲，可是有时穷得连作曲的纸都没钱买。

一天晚上，他一个人走在维也纳的街头，正在为生计发愁，忽然看见一家旧货店旁站着一个衣着破旧的孩子，正在拿着一本书和一件旧衣在叫卖。他一眼认出这个孩子在他教过的唱诗班中当过歌童，想到这里他鼻子酸酸的。他很同情那个孩子，于是不由自主地从单薄的衣衫里摸出了仅有的一点钱，买下了那本旧书。

这个年轻人一边走一边看书中的内容，竟发现书中有大诗人歌德写的《野玫瑰》。他读了一遍又一遍，整个身心被诗的意境感动着，这使一段清新而亲切的旋律从他的灵魂深处被激发出来。在这份灵感的带动下，这个年轻人完成了一首《野玫瑰》，后来它被称作世界音乐宝库中的瑰宝。而这个年轻人就是伟大的作曲家舒伯特。

舒伯特的这首名曲的诞生正源自他的一颗善良之心。青少年要知道，当你用一颗善良的心对待别人时，你收获的也必定是善良。一个人可以没有让旁人惊羡的姿态，也可以忍受缺金少银的日子，但离开了善良，却足以让你的人生搁浅和褪色。

那么，什么是真正的善良呢？真正的善良是不求回报的付出，是内心永恒不变的那一抹温柔，是最原始的与人为善的天性。真正善良的人懂得世间的险恶，但内心仍充满善意和慈悲。真正善良的人永远不愿张扬，不追名、不求利。比如下面这个真实的例子。

有一对老夫妻一直悄悄地资助一位学生。这位学生也从未见过资助他的人，只知道资助者是某所大学的教授。毕业那年，学校组织了一场"困难生毕业见面会"，同时也邀请了两位老人前去参加。可是，当天两位老人并没有出现。代替他们来到这位学生面前的是一封祝福信，上面写道："孩子，不见面，是不愿让你思想上有负担。唯一希望你能健康成长，做一个善良的人。"

当然，真正的善良也是有原则的，不能让没有原则害人害己。

一次，有个富翁的儿子在学校发现书包中的钱不见了。老师和同学都非常气愤。就在大家七嘴八舌地讨论一定要查出小偷的时候，富翁的儿子却说："感谢你们的热心，我不打算找回那些钱了。我觉得偷钱的人一定很急需。"

大家听后，被他的善良打动了，纷纷鼓起掌来。突然，有个人说："你这不是真正的善良，你的宽容有可能助长他偷窃。真正的善良是把偷钱的人查出来，并追究他的行为。如果他确实有困难，大家可以帮他想办法解决呀。"

在大家的压力下，一个男同学低着头站出来，承认自己偷了钱。这个偷钱的同学是后来成为贝鲁特法院大法官的拖吉拉·凯卡提，而那个主张寻找小偷的就是著名诗人纪伯伦。

如果不是纪伯伦，或许拖吉拉·凯卡提还会有第二次偷窃，甚至更多，那么他的人生结局很有可能是悲惨的。正因为纪伯伦有原则的善良，才使对方得到了真正的教育。作为青少年，你不但要有一颗善良的心，而且你的善良必须有点锋芒、有些原则。

拥有耐心，切忌狂热和急躁

> 耐心是高尚的秉性，坚韧是伟大的气质。无论何人，若是失去耐心，便失去了灵魂。
>
> ——培根

通常，耐心是衡量一个人心理素质优劣、心理健康与否的重要标准之一。如果一个人想成就一番大业，就一定要有耐心。实际上，成功需要的不是急躁，而是足够的耐心。当一个人决定放弃的时候，也正是离成功最近的时候。下面的故事讲的正是这个道理。

有一位推销大师准备告别他的推销生涯，应行业协会和社会各界的邀请，他进行了一场告别演说。演说当天，会场座无虚席，人们热切地、焦急地期待着这位当代伟大的推销员带来令人受益匪浅的职业经验分享。

当大幕徐徐拉开，舞台的正中央吊着一个巨大的铁球。一位老者在人们热烈的掌声中走了出来，站在铁架的一边。这时工作人员抬着一个大铁锤，放在老者的面前。

主持人这时对观众说道："我们需要两位身强力壮的观众，谁愿意到台上来？"

不一会儿，两个观众就跑了上来，老人对他们讲了规则，要他们用大铁锤去敲打那个吊着的铁球，直到把它荡起来。

其中一个年轻人抢着拿起铁锤，全力向那吊着的铁球砸去，一声震耳的响声过后，那吊球动也没动，于是他又接二连三地用铁锤砸向吊球，很快他就气喘吁吁；另一个人也不示弱，接过大铁锤把吊球打得叮当响，可是铁球仍旧一动不动。

台下一片哗然。

只见老人从上衣口袋里掏出一个小锤，然后认真地面对着那个巨大的铁球。他用小锤对着铁球"咚"敲了一下，然后停顿一下，再一次用小锤"咚"敲了一下。人们奇怪地看着老人这样持续地做。

10分钟过去了，20分钟过去了，人们失去了耐心，有的叫骂起来，有的开始离场。可是老人依然敲着他的小锤，当进行到40分钟的时候，一个妇女突然尖叫一声："球动了！"瞬间会场鸦雀无声，人们惊讶地看着轻微摆动的铁球。

老人仍旧一小锤、一小锤地敲着，吊球越荡越高，最后拉动着铁架子"哐哐"作响。终于，场上爆发出一阵阵热烈的掌声。老人转过身，慢慢地把那个小锤揣进兜里。然后说道："在成功的路上，如果你没有耐心去等待成功的到来，那么，你只好用一生的耐心去面对失败。"

的确，在成功的道路上，如果你没有耐心，最后是不会成功的。如果我们纵观这么多年来成功者的制胜秘诀，就会发现一个常被人忽略的秘密，那就是耐心，这是人们用来赢得成功的真正引擎。

比如，年少时的齐白石很喜欢篆刻，但他总对自己的篆刻技术不满意。于是，他向一位经验丰富的老篆刻家虚心求教，老篆刻家说："你去挑一担础石回家，要刻了磨，磨了刻，等到这一担石头都变成了泥浆，那时你的印就刻好了。"于是，齐白石按照老篆刻家的话做了。他挑回来一担础石，刻了磨平，磨平了再刻，就这样夜以继日地刻着，手上不知起了多少血泡。最后，一担础石终于都被"化石为泥"了。渐渐地，他的篆刻艺术达到了炉火纯青的境界。

相反，如果一个人缺乏耐心，做事总是过于急躁和狂热，那么他做什么事情也不会成功。这就好比揠苗助长故事中的农夫，为了让稻苗长得快一些，就将稻苗全部拔高几分，最后稻苗全部枯死了。

因此，青少年要注重培养自己耐心的品质，这将对你的学习和以后的人生有很大的帮助。有一句谚语说得好："耐心是一株很苦的植物，但果实却十分甜美。"这个过程，我们叫作"努力"。

那么，青少年如何培养自己的耐心呢？

1. 坚持做一件事情

一个人做某件事情总是三分钟热度，或事情做到一半就放弃了，这就是没有耐心的表现。你可以尝试着坚持把一件事情做到最后，相信你的耐心慢慢地就会培养出来。

2. 学会平复自己的情绪

有时，你可能实在坚持不下去了。这个时候，你应试着平复一下自己的情绪，做几次深呼吸或者闭目养神几分钟。只要你熬过情绪激动的那个时刻，让神经放松下来，就会发现你的耐心已经提高了一个层次。

3. 多多鼓励自己

当你在做一件事情遇到困难时，不要想着退缩、放弃，而应该多多鼓励自己，并告诉自己：坚持就是胜利。这样你的耐心就会很快提高。

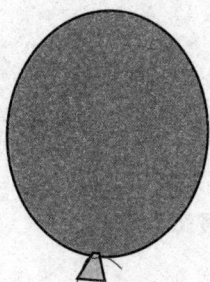

第三章

告诉你，生活不止眼前的一种可能——
冲破思维定式

通常，在环境不变的条件下，定式思维使你能够应用已掌握的方法迅速解决问题。而在情境发生变化时，它则会妨碍你想出新的方法。

由于青少年的经验不太丰富、思维不太成熟，在实际生活中不可避免地会遇到各种难题。这就要求青少年能够冲破自己的思维定式，努力走出思维舒适区，充分发挥思维的创新性，才能让你以后的人生格局更宽广。

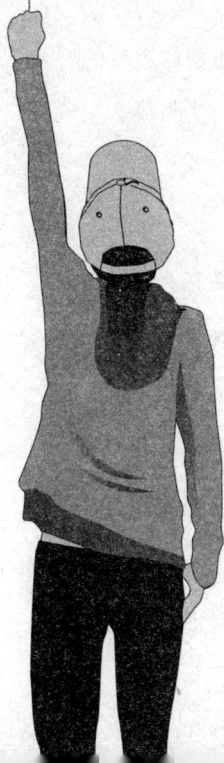

努力走出你的思维定式

> 许多富有创见的人并没有想到这一点，他们被惯性思维引入歧途。
>
> ——济慈

思维定式，也称"惯性思维"，是由先前的活动而造成的一种对活动的特殊心理准备状态，或活动的倾向性。法国科学家约翰·法伯做过一个很有名的"毛毛虫实验"。

他把一些毛毛虫放在一个花盆的边缘，让它们首尾相接围成一圈。同时，在花盆不远处撒一些它们爱吃的松针。毛毛虫天生有一种"跟随"性，因此，它们一个跟着一个，绕着花盆的边缘一圈一圈地走，一小时，一天，两天……这些毛毛虫就这样一直兜着圈子，一连走了七天七夜，最终它们因为饥饿和精疲力竭而相继死去。

法伯在做这个实验前曾经设想：毛毛虫会很快厌倦这种毫无意

义的绕圈而转向它们比较爱吃的食物，遗憾的是，毛毛虫并没有这样做。导致毛毛虫这种悲剧的原因就在于它们总习惯于固守原有的习惯和经验。毛毛虫虽付出了生命，却没有任何成果。其实，只要有一个毛毛虫能够破除尾随的习惯而转身去觅食，那么它们就能马上改变命运，从而避免饿死的悲剧发生。

有的人说，人和动物最大的区别在于人能够有意识地改变自己的行为，不受常规思维的约束。但是，遗憾的是，现在很多人固守着自己的本性，总是习惯性地顺着定式思维去思考问题，不愿，也不会转个方向、换个角度想问题。

爱迪生是世界发明大王，有许多的发明创造。

他年轻的时候经常被人看不起，因为他只上过3个月的学。爱迪生曾有一个助手，叫阿普顿，是美国普林斯顿大学数学系毕业的高才生，他经常讥笑爱迪生是一个只会瞎摆弄的"莽汉"。阿普顿总是觉得自己很有学问，根本不把卖报出身的爱迪生放在眼里。爱迪生是一个沉默寡言的人，他也从不炫耀自己。但对于阿普顿的处处卖弄学问和自负，他从心里感到很厌烦。

为了让阿普顿能够收敛一些，有一次，爱迪生让阿普顿计算一只梨形灯泡的容积。阿普顿拿着那只灯泡，轻蔑地一笑，心想："想用这个问题难住我，很天真！"

他拿起灯泡，测出了灯泡的直径高度，然后加以计算。灯泡的形状不规则，它像球形，又不像球形；像圆柱体，又不完全是圆柱体。计算十分复杂，即使是近似处理，也很烦琐。他画了一个草图，在几张白纸上写满了密密麻麻的数据、算式。

过了一个多小时，爱迪生见阿普顿还没计算出来，便忍不住笑出声来，说："不用那么麻烦的，你还是换一种方法吧！"只见爱迪生取来一大杯水，倒入刚才阿普顿测算的灯泡中，然后交给阿普顿说："去把这些水倒入量杯……"

爱迪生的话还没说完，阿普顿就立刻明白了测量灯泡容积的最简单的方法，他的脸立马红了。

阿普顿是数学系的高才生，在计算方面很优秀。当爱迪生给他提出这样一个问题——如何计算一只灯泡的容积时，他因受固有思维的影响，自然而然地拿起尺子对灯泡测了又测，算了又算，根本没想过打破自己的思维定式换一种别的方法。爱迪生则善于思考，能突破习惯性思维的束缚，简便快速地算出了灯泡的精确容积。

作为青少年，一定不要让定式思维控制住你自己，一定不要用僵化和固定的观点认识外界的事物。面对难题，你要敢于打破常规思维的束缚，突破常规思维的局限，只有这样，你才能迅速地找到解决问题的方案。

别禁锢自己，你的想象力可以无限大

> 想象力是人类能力的试金石，人类正是依靠想象力征服世界的。
>
> ——奥斯本

想象力是人在已有形象的基础上，在头脑中创造出新形象的能力。比如，一说起汽车，就马上想象出各种各样的汽车形象来。法国启蒙思想家狄德罗曾说："想象，这是一种特质。没有它，一个人既不能成为诗人，也不能成为哲学家、有机智的人、有理性的生物，也就不能称其为人。"可见，想象力是多么重要。

在学校期间，迈克·戴尔经常听到同学们谈论想买电脑，但由于价格太高，许多人买不起。戴尔想："经销商的经营成本并不高，为什么要让他们赚那么多的利润？为什么不由制造商把电脑直接卖给用户呢？如果我把电脑以比市场上便宜的价格直接卖给用户，一定会受到欢迎。"

同时，戴尔知道IBM公司有规定，每月经销商必须要提取一定数量的电脑，而多数经销商是无法把这些电脑全部卖出去的；如果积压货太多，经销商的损失就会很大。戴尔发现了这一点，于是他找到经销商，让经销商按成本价把积压的电脑卖给自己，这也是经销商求之不得的。

戴尔把这些电脑拉回宿舍，经过加装配件、改进性能后，这些电脑十分受欢迎。戴尔见到市场需求量巨大，于是在当地刊登广告，以市场价格的八五折推出他那些改装过的电脑。没过多久，许多律师事务所和医生诊所、商业机构都成了他的客户。

戴尔一边上学一边创业，并获得了很大的收益。父亲担心他的学业会受到影响，劝他说："如果你想创业，等毕业后再说吧。"戴尔当时答应了，但后来仔细想：这是一个千载难逢的机遇，他不能错过。经过和父母协商，父母同意让戴尔在暑假试办一家电脑公司，如果办不成功，到9月就要回校继续学习。

之后，戴尔拿出全部积蓄创办了戴尔电脑公司，当时他19岁。他仍然专门直销他改装的电脑，第一个月营业额竟达18万美元。后来，戴尔停止出售改装电脑，转为自行设计、生产和销售自己的电脑。如今，戴尔电脑已在全球多个国家设立附属公司。

案例中的戴尔如果没有自己的想象力，他就不会创立自己的戴尔电脑公司。想象力是创新型人才的必备能力，也是其特征之一，如果缺少想象，就很难取得成功。想象力是每个人天生就拥有的。

因此，青少年一定不要禁锢自己的思维，你的想象力可以无限大。

那么，青少年如何发展自己的想象力呢？

1. 增长知识经验

发展想象力的基础是具有丰富的知识和经验，没有知识和经验的想象只能是毫无根据的空想，或者是漫无边际的胡思乱想。伯克利心理学教授艾莉森·高普尼克曾说："想象力来源于知识。"正是理解了事物之间的因果关系等知识以后，想象力的形成才成为可能。

爱迪生的妈妈从小就教育他知识的重要性。爱迪生不仅博览群书，阅读了大量科学、人文、历史等方面的书籍，还被书中洋溢的真知灼见吸引，这些知识的积累一直影响了他的一生，为他后来的发明创造打下了坚实的基础。

2. 积极参加创造活动

积极参加各种创造活动是培养想象，特别是创造性想象最有效的途径之一。因为创造活动特别需要想象，想象也离不开创造活动。

3. 大胆质疑

心理学研究表明，想象通常是与问题联系在一起的，意识到问题的存在是想象的起点。在学习中，青少年要大胆质疑，打破教学中来自各种教学参考书、教辅资料中的标准答案，开阔自己的思维空间。

利用逆向思维，你将快速找到答案

> 不下决心培养思考习惯的人，便失去了生活中最大的乐趣。
>
> ——爱迪生

逆向思维，也称"求异思维"，它是对司空见惯的、似乎已成定论的事物或观点反过来思考的一种思维方式。也就是说，要敢于"反其道而思之"，让思维向对立面的方向发展，从问题的反面深入地进行探索，从而更好地解决问题。

古人善于运用逆向思维思考问题、解决问题，有许多案例在今天读来仍能让我们有所启发。

战国时期著名的兵法家孙膑到魏国去求职。魏惠王心胸狭窄，嫉妒孙膑的才华，就故意习难他，说："据说你非常有才能，如果你可以让我从座位上走下来，我就任命你为将军。"

魏惠王心里想：不管如何，我就是不起来，你又拿我怎样？

孙膑心里想：如果魏惠王就是不起来，我也不能强行让他下来，否则就是死罪。该怎么办呢？只有用反向思考法，让他主动走下来。

接着，孙膑对魏惠王说道："我没有办法让您从宝座上走下来，但是我有办法让您坐到宝座上。"

魏惠王心里想：这难道不是一回事吗，我就是不坐下，你又拿我怎么样？于是魏惠王便乐呵呵地从宝座上走下来。

孙膑立刻说："现在我没有办法让您坐回去，但我已经使您从宝座上走下来了。"魏惠王这才明白自己上当了，只好任命孙膑为将军。

故事中孙膑就是利用逆向思维解决了魏惠王出的难题，获得了将军的职位。其实，很多事情并没有我们想象的那么难，只是陷入了思维的定式，把自己逼入了绝境而已。对于一些问题，我们可以从结论往回推，倒过来思考，从求解回到已知条件，反过来想或许会快速找到答案。

另外，如果你用心观察和思考生活中的事物，就会发现很多逆向思维的例子。比如，人走在楼梯上，是人动楼梯不动。反过来呢？于是就出现了自动扶梯。电动吹风机的轮子在转动时造成空气流动，风向向外。反过来风向向内呢？于是出现了电动吸尘器。因此，青少年要学会利用这种逆向思维考虑问题，懂得转换角度，才能扩大自己的视野、快速地解决问题。

逆向思维是一种方法论，具有明显的工具意义。下面介绍几种具有可操作性的逆向思维方法。

1. 方位逆向法

它是双方完全交换，使对方处于己方原先位置的换位。方位逆向法不仅仅是指物理空间，更是指一种对立抽象的本质。比如，入与出、进与退、上与下、前与后、头与尾等。

2. 因果逆向法

它是倒因为果、倒果为因的方法。倒因为果，最典型的例子之一是人类对疫苗的研究。人类在抗击一场场灭顶之灾的努力中，毫无疑问，唯一有效的法宝就是倒因为果的逆向思维——以毒抗毒。

3. 属性逆向法

事物的属性往往是多向位的，一件事情可以从不同的角度去理解，即使同一件事情从不同的角度观察，其性质也可以是多方面的，并且是相互转化的。比如，大与小、好与坏、强与弱、有与无等。我们可以通过阅读下面的小故事来理解属性逆向法。

有一次，美洲的草原上失火了，烈火借着风势，无情地吞噬着草原上的一切。这时刚巧有一群游客在草原上玩，一见大火扑来，都惊慌失措了。一位老猎人，他胸有成竹地让大家站到空地上，自己则站在靠大火的一边。等火势靠近时，他便果断地在自己脚下放起火来。奇迹发生了，老猎人点燃的这道火墙并没有顺着风势烧过来，而是迎着那边的火烧过去了。这群游客得救了。

4. 心理逆向法

我们可以通过阅读下面的小故事来理解。

很久以前，当土豆传到法国时，法国农民并不愿意种。于是，有一个人想出了一个办法，在各地种植的土豆试验田边派全副武装的士兵日夜把守。周围的农民看到这样的阵势，认为地里种的应该是好东西。于是，农民趁机偷走了一些，并种在了自己家的地里。慢慢地，法国农民普遍种起了土豆。

成功只是比别人多思考几步

> 伟大不只在事业上惊天动地，它时常不声不响地深思熟虑。
>
> ——克雷洛夫

　　对于生活中常见的种种现象，人们常因为熟视无睹而很难发现其中的奥秘。很多事情并不是你没有能力做好，只是你没有认真、反复地思考。事实上，你只要多留心，比别人多思考几步，往往就会有令你惊喜的收获。

　　人们对烧水时壶盖的跳动习以为常，只有瓦特将司空见惯的现象加以研究、分析和实验，最终发明了蒸汽机；同样是看到苹果从树上掉下来，大家习以为常，牛顿却由此发现了万有引力定律；同样是手被草叶子拉破了，普通人只会埋怨自己的粗心和草的无情，而鲁班却想到了发明锯。造成这些差别的根本原因是什么呢？就是他们比别人多思考几步。

　　迈克和皮特同时进入一家超级市场，两个人也都是从最底层的工作做起。可没过多久，迈克突然受到了总经理的青睐，一再被提升，一直提升到了部门经理的位置。而皮特呢？他还混在最底层。皮特看着平步青云的迈克，心里非常不服气。一天，皮特终于向总经理提出了辞职，并痛斥总经理不公平，辛勤工作的人不提拔，反倒提拔那些吹牛拍马的人。

总经理并没有生气，而是耐心地听完皮特的话，然后说道："皮特先生，这样吧，你先去集市上看看，今天都有卖哪些东西的。"不一会儿，皮特很快回来说，集市上只有一个农民拉了一车红薯在卖。

"他车上一共多少袋，多少斤呢？"总经理问。

皮特又跑去，回来后说有40袋。

"价格是多少？"皮特再次跑到集市上。

总经理看着气喘吁吁的皮特说："你先休息一会儿吧，看看迈克是怎样做的。"

说完叫来迈克，对他说："迈克先生，请你现在到集市上去看看今天都有卖哪些东西的。"

迈克很快从集市上回来了，详细地说道："现在集市上只有一个农民在卖红薯，共有40袋，价格还算不错，质量也很好。"说着，迈克将带回来的几个红薯给总经理看了看。"这个农民一会儿还将弄几箱黄瓜卖，看卖的价格还比较公道，我们可以进一些货。所以我带回来几个黄瓜样品，还把那个农民也带来了，他现在正在外面等回话呢。"

站在旁边的皮特此时茅塞顿开。

这个故事很简单，但极富哲理性。迈克比皮特用心多思考了几步，于是在自己的工作上取得了很大的进步，获得了成功的机会。而大多数成功者之所以成功，很大的一个因素是他们能够在一个事情上再继续思考，并且眼光长远，别人看到一步，他们往往能看到两步甚至三步。

作为青少年，无论做什么事情，都要勤于动脑筋，多想几步会使你受益匪浅。比如，在解答一道难题时，应该这样想：这道题一共有几种解答方法？而不是只会想：这道题的答案是什么？总之，多思考几步，就会拥有深度思维。深度思维会为你打开出乎意料的成功之门，深度思维也更容易挖掘你自身的潜力。要知道，一个人越有远见，他就越有潜能。

冷静思考，事情就会有转机

不管发生什么事，都要冷静、沉着。

——狄更斯

为了更好地思考，在任何情况下，我们都要保持一颗清醒的头脑。无论是面对失败还是危急关头，保持冷静的头脑，就预示着事情还会有转机。

公元1799年，法国皇帝拿破仑一世派遣大将军马桑拿率领精锐部队进军侵略邻国奥地利。当时的法国军队横行整个欧洲，几乎所向披靡。

在复活节的上午，马桑拿的部队进军至奥地利边界的一座名叫弗雷其克的城外。但弗雷其克并没有正式的军队，也完全没有任何准备。

马桑拿的大军驻扎在高地上，士兵们盔甲鲜明、耀武扬威地向城内高声呐喊。弗雷其克的城内处于一片哭喊中，居民代表聚集在一起，从上午到下午一直商量着该如何应对，但仍然没有定出一个令大家认同的方案。

最后，有一位老者说道："我们从上午一直讨论到现在，也得不出任何结论，完全无能为力。今天是复活节，我们为什么不一起做复活节的礼拜？我建议立即敲响教堂的大钟，把居民们聚集在一起做礼拜。而那些法国军队，就交给上帝去对付他们吧。"

大家连声同意，于是城内的钟声响起，居民们都聚集在教堂中吟唱着圣诗。法国军队的统帅马桑拿将军是一位作战经验丰富的将领。当听到城内传来的钟声及吟唱声时，他思索了一番，对其他人说："情势不好，早上我们的大军刚到时，城内哭声连天；而现在他们居然有心情庆祝复活节。根据我的经验和判断，城内应该有援军！"

马桑拿将军和其他将军经商议后决定，必须撤兵。因为他们认为不论对方兵力是虚是实，法国军队孤军深入敌境，处境真的很危险。于是，弗雷其克城不费一兵一卒，靠钟声及吟唱圣诗获得了胜利。

生活中，我们会遇到各种各样不如意的事情，但只要你遇事沉着、冷静思考，相信再大的困难也会迎刃而解的。

诗人萨迪说过："事业常成于坚忍，毁于急躁。"的确如此，急躁常使我们不能冷静地审视客观条件而任意行事，其结果往往事倍功半，甚至事与愿违，欲速则不达。因此，生活在千变万化时代中的青少年，虽然无法预料下一分钟将会发生什么事情，但只要冷静下来、善于思考，就会有奇迹发生。

最大限度地发挥你的创意

> 聪明的年轻人以为，如果承认已经被别人承认过的真理，就会使自己丧失独创性，这是最大的错误。
>
> ——歌德

创新是这个时代的主旋律。面对今天这个日新月异的信息时代，只有发挥创意、开拓创新，才能在激烈的竞争中立于不败之地，才能更好地生存和发展，才能让自己不断地延续成功，才能在人生的道路上走得更坚定、更远。

一位犹太人和他的儿子来到美国做铜器生意。一天，父亲问儿子："一磅铜的价格是多少？"儿子回答说："35美分。"父亲说："是的，整个得克萨斯州都知道每磅铜的价格是35美分，但作为犹太人的儿子，你应该说3.5美元。你把一磅铜做成一个门把手试试看。"

20年后，父亲去世了，儿子一个人经营着一家铜器店。他做过铜鼓，做过瑞士钟表上的簧片，做过奥运会的奖牌，他曾把一磅铜

卖到3500美元，这时他已是麦考尔公司的董事长。然而，真正使他
扬名的是纽约的一堆垃圾。

1974年，美国政府为清理给自由女神像翻新而扔掉的大堆废
料，向社会广泛招标。因为在纽约州垃圾处理有着严格的规定，处
理不好会受到环保组织的起诉。因此，好几个月过去了，没有一个
人去应标。

正在法国旅行的他听到这个消息后，立即返回了纽约。当他看
完自由女神像下堆积如山的铜块、螺丝和木料后，一言不发，立即
与政府签下了协议。

纽约的同行知道后，都暗自嘲笑他，他们认为：废料回收吃力
不讨好，能回收的资源价值也实在有限。

随后，他立即组织工人对废料进行分类。他让人把废铜熔化，
铸成小自由女神像；把旧木料加工成底座；把废铜、废铝的边角料
做成纽约广场的钥匙。他甚至把从自由女神像身上扫下来的灰土出
售给花店。

当然，最后的结果大大出乎人们的预料。因为那些废料都以高
出它们原来价值的数倍乃至数十倍卖出，而且供不应求。在不到3
个月的时间，他让这堆废料变成了350万美元，每磅铜的价格是原
先的一万倍。

在犹太人思维模式中，其中一大特点就是敢于挑战一切，不信
奉权威，对现在存在的一切，都当作不合理的来看待。因为只有这

样，才能最大限度地发挥创意，不断创造商业机会。因此，我们要向犹太人学习，不要被传统的观念、理论以及表象左右和迷惑，要敢于在思想观念和行动上突破，要有勇气去突破前人的束缚，突破习惯这张网。

通常，人们总是习惯按照自己的常规思路行事，尽管经历了很大的努力还是没有取得成功，而有些时候取得成功完全不费什么工夫。实际上，这种突然而来的成功往往蕴含着意想不到的创造性。因此，青少年要想获得成功，就必须有自己的创意，只有这样，才能超越对手，才能超越自己。

实际上，我们每个人身上都潜藏着无限的创造力，关键是靠我们在日常生活中去培养。尤其青少年时期，是培养创新品质的最佳阶段。青少年时期是每一个人思维最活跃、灵感最容易显现、创造力最强、意志力最坚定、身体状况最好的阶段。因此，青少年一定要抓住机遇、利用时机、挖掘潜能、开拓进取。

历史实践显示，很多伟人和著名科学家最主要的创新意识和成果，大多是在青少年时期萌发和发展的。

有一次，爱因斯坦在和他的老师明可夫斯基一起讨论科学问题时突发奇想，他就问明可夫斯基："一个人，比如我吧，究竟怎样才能在科学领域、在人生道路上留下自己的闪光足迹，做出自己的杰出贡献呢？"

最后，他的老师把爱因斯坦带到建筑工地。爱因斯坦不解地问导师："老师，您这不是领我误入歧途吗？"老师却专注地对爱因斯坦说："对，就是'歧途'！你看到了吧？只有这样的'歧途'，才能留下足迹！只有新的领域、只有尚未凝固的地方，才能留下深深的脚印。那些凝固很久的老地面，那些被无数人、无数脚步涉足的地方，你别想再踩出脚印来……"

爱因斯坦沉思良久，终于明白了老师的话。从此，一种非常强烈的创新和开拓意识开始主导爱因斯坦的思维和行动。毕业不久，爱因斯坦利用业余时间进行科学研究，在物理学3个未知领域里，齐头并进，大胆而果断地进行挑战，最终突破了牛顿力学。

青少年要培养自己的创新品质，首先应培养善于思考的品质，并学会把握正确的思维方式，学会创新思维。创新思维就是开拓、认识新领域的一种思维，是在已有的经验基础上，从某些事实中进一步找出新点子、寻求新答案的思维。

另外，创新也需要我们有一双善于发现的眼睛，再加上善于思考的大脑，就会产生一个意想不到的创意，从而让自己迈进成功的大门。

最后需要理解的一点是，如果有人利用自己掌握的一技之长制造出危害人民、威胁社会的所谓的"新成果"，就不能称之为创新，这是坚决禁止的。

不断自省的人才会有进步

> 自省是一面镜子，它能将我们的错误清清楚楚地照出来，使我们有改正的机会。
>
> ——海涅

自省就是通过自我意识来省察自己言行的过程，其目的正如朱熹所说："日省其身，有则改之，无则加勉。"一个人之所以不断进步，在于他能不断地自我反省，找出自己的缺点，然后不断改正，以追求完美的心态去做事情。

一位智者在解读法国牧师兰塞姆手迹时说："如果每个人都能把反省提前几十年，便有50％的人可能让自己成为一个了不起的人。"这句话道出了反省之于人生的意义，值得我们每个青少年深思。

富兰克林是美国著名的科学家、物理学家和社会活动家，他的一生在很多领域都取得了杰出的成就。他的成功除了他的天赋与勤奋之外，还有一个秘诀是"一日三省吾身"的自我激励。

富兰克林有一个习惯，就是每天晚上都回想一遍当天的情形。当他发现他有13条很严重的错误时，聪明的富兰克林意识到，除非他能够减少这一类的错误，否则不可能有什么大的成就。因此，每周他会选出一项缺点来克服，然后把每一天的输赢做成记录。就这样，富兰克林每周改掉一个缺点的战斗持续了两年多。

富兰克林的自省对青少年的成长有着积极的意义。下面是他自省的13条内容。

1. 节制：食不过饱，饮酒不醉。

2. 寡言：言必于人于己有益，避免无益的聊天。

3. 生活有序：置物有定位，做事有定时。

4. 决心：当做必做，决心要做的事应坚持不懈。

5. 俭朴：用钱必须于人或于己有益，换言之，切忌浪费。

6. 勤勉：不浪费时间，每时每刻做些有用的事，戒掉一切不必要的行动。

7. 诚恳：不欺骗别人，思想要纯洁公正，说话也要如此。

8. 公正：不做损人利己的事，不要忘记履行对人有益而又是你应尽的义务。

9. 适度、避免极端：人若给你应得的处罚，你应当容忍。

10. 清洁：身体、衣服和住所力求清洁。

11. 镇静：勿因小事或普通的不可避免的事故而惊慌失措。

12. 贞节：克制自己的欲望，珍惜自己的身体。

13. 谦虚：仿效耶稣和苏格拉底。

我们再看下面的案例。

一天，一个名叫瑞克的青年正在借用小店的公用电话，他压低声音说："是玫瑰庄园吗？我打电话来是想应征做园丁工作的，我的经验很丰富，相信一定可以胜任的。"

电话那边的人说："先生，你是不是弄错了，我家主人对现在聘用的园丁很满意，他是一位热心、尽责和勤奋的人，所以我们这儿并没有园丁职位的空缺。"

瑞克听后，有礼貌地说："不好意思，我可能弄错了。"挂了电话后，小店的老板便问："年轻人，你是在找园丁的工作吗？我一个朋友那里正要招人，你是否感兴趣呢？"

瑞克回谢道："谢谢，其实我就是玫瑰庄园的园丁，刚才打电话的目的是进行自我检查，确定自己的表现是否合乎主人的标准。"

在生活中，只有不断自省，才能够让自己立于不败之地。但一些人可能会认为，自省似乎是老年人的事情，其实，自省对于任何年龄的人都是必要的，而青少年更要善于自省，因为走过的路不多，很容易出现差错或失误，后面的路长，自省就更有必要，更有价值。

　　人生本来就是一个不断学习和成长、经常犯错误的过程。一个善于自省的人能不断总结自己的行为，在错误中学习和成长。在一个人的成长过程中，只有将宝贵的经验变成有价值的东西，它才会起到不断提高自己的作用。

　　比尔·盖茨说："如果我们有了一点成功便觉得了不起，这是很不好的。但是，如果在我们为自己的成功自鸣得意的时候，有一个人来教训我们一番，那我们就很幸运了。"因此，青少年要勤于反省自己，在一周之末反省七天内发生的事情，在月末反省一个月内发生的事情，在年末多想想一年内所发生的事情。通过不断地审视、思索、反省生活中遇到的每一件事，你犯错误的机会才会越来越少。否则，反省不及时、不频繁，就有可能放过一些本该及时反省的事情，进而导致自己犯错。

　　比如，你可以这样反省：我现在为人处世的方式是否机智成熟？我现在做的事是否渐渐偏离目标？我能否坦然地面对困难和挫折？我为什么感到自豪？我能否在关键时刻做出正确的取舍？我现在的心态能否让我获得成功？我能否抓住瞬间的机遇？我现在做事的效率能否让自己满意呢？面对类似的反省内容，如果答案都是自己满意的，那么这种自省就是成功的。

第四章

宽宏大量做人，豁达大度做事——
胸怀与成功成正比

人生的舞台有序幕，有落幕，每个人都要学会在起起落落中成长。修一颗宽容之心，多一些关爱，多一分理解，就能在善待他人的同时成全自己。我们要宽宏大量做人，豁达大度做事。

宽容别人，就是善待自己

> 谁若想在困厄时得到援助，就应在平日宽以待人。
>
> ——萨迪

　　在生活中，人与人之间有磕碰是在所难免的。对个人而言，没有人愿意这样的事情发生在自己身上，但一旦发生，最明智的选择就是宽容。宽容是一种仁爱的光芒，是一种无上的福分，是对别人的释怀，也是对自己的善待。

　　古代有这样一个故事。

　　清康熙年间，张英担任文华殿大学士兼礼部尚书。他桐城老家的住宅与吴家相邻，两家宅院中间有一条小巷子，供两家出入使用。

　　后来吴家要建新房，想占这条路，张家人不同意。双方争执起来，将官司打到当地县衙。县官考虑到两家人都是当地的名门望族，不敢轻易了断。

　　张家人一气之下写了封加急信给张英，要求他靠着自己的权力和威望出面解决。张英看了信后，认为应该谦让邻里，他在给家里的回信中写了一首诗："千里家书只为墙，让他三尺又何妨？万里长城今犹在，不见当年秦始皇。"

张家人收到信后，明白张英的谦恭大度，因此遵从了张英的意思，主动让出三尺空地。吴家见这么富贵的张家主动让出三尺，深受感动，也主动让出三尺，两家之间成了一条六尺宽的巷子，"六尺巷"由此得名。

六尺巷位于安徽桐城，它的"宽"不是宽在"六尺"上，而是宽在人们心灵境界与和谐礼让的精神上。屠格涅夫说："生活中不会宽容别人的人，是不配受到别人宽容的。"荀子说："君子贤而能容罢，智而能容愚，博而能容浅，粹而能容杂。"因此，青少年要知道，宽容的神奇在于化干戈为玉帛、化敌人为朋友。

明代王锜在《寓圃杂记》中记述了杨翥的两件小事。

杨翥的邻居丢了一只鸡，指骂被姓杨的偷去了。家人告知杨翥，他说："天底下不只我一家姓杨，让他骂去。"

他的另一个邻居，每到下雨天，就将自己家院中的积水排放到杨姓的家中，使杨家深受脏污潮湿之苦。家人告知杨翥，他却劝解家人说："总是晴天干燥的时日多，落雨的日子少。"

时间久了，邻居都被杨翥的忍让行为感动。有一年，一伙贼人密谋想抢杨家的财物，邻人得知后，主动组织帮杨家守夜防贼，使杨家终于躲过了一场灾祸。

　　故事中的杨翥因宽容别人而让自己免去了一场灾祸。宽容别人对我们来说并不困难，却也不容易。宽容是一种集合了修养、气度、德行的处世学问，它能够使我们得到意想不到的收获。

　　一个人只有学会宽容，才有包容万物的气度，他的胸怀便如大海般宽广，任波浪滔天，一切尽在掌握。凡是宽容的人，都比较乐观豁达，他们对任何事情都能看得开，想得远，还能够对别人的不同意见从理解的角度出发，尊重别人不同的想法，不把自己的观念强加于人。

　　因此，作为青少年，要想获得成功，就要学会宽容别人，成功才会离你越来越近。

吃得起亏，才能做得起人

> 君子为了人们上进，不仅利不能贪，功不能贪，名也不能贪；吃一分亏，积一分福；占一分便宜，招一分祸。
>
> ——郑板桥

我们常说："吃亏是福。"吃得起亏，才能做得起人。历来讲究谦虚忍让的中国人，倡导和谐为上，人与人之间和谐处事之道就是要懂得吃亏。

吃亏不只是一种境界，更是一种睿智。懂得吃亏的人，才能完美地领悟人生，获得更多人的帮助和信任。相反，不懂得吃亏，凡事斤斤计较的人，无形中就丧失了更多的资源，得小利而失大利。

东汉时期，有一个名叫甄宇的太学博士。他为人忠厚，遇事谦让，心地善良，朝廷上下没有不说他好的。有一次过年的时候，光武帝赐给在朝的大臣一人一只外藩进贡的活羊。

在分配活羊时，负责分配的人犯了愁：这群活羊大小不一，肥瘦也不一。到底应该怎么分，他们才会没有异议。这时，大臣们纷纷出谋划策：有人说把这群活羊全部宰掉，然后肥瘦搭配，每个人一份；也有人主张干脆抓阄分羊，好不好全凭运气。大家意见不一致，也没有定论。

就在大家七嘴八舌争论不休时，甄宇站出来了，他说："分羊不是很简单吗？依我看，大家随便牵一只羊走不就可以了吗？"说着，他牵走了一只最瘦小的羊。见甄宇带头牵走了最瘦小的羊，其他大臣也不好意思牵最肥的羊，于是，大家都挑最瘦的羊牵。很快，这群活羊就被牵完了。没有一个人有怨言。

后来，牵羊事件传到了光武帝的耳中，他很赞赏这样的做法，赐给甄宇"瘦羊博士"的美誉。不久后，在群臣的极力推荐下，甄宇被提拔为太学博士院院长。

甄宇牵走了最瘦小的羊看起来是吃亏了，但是，他得到了光武帝的器重和大臣们的信任、拥戴。一个人如果能真正懂得吃亏中的利害关系，那么他一定能在吃亏中获得不小的福分。

郑板桥说过："君子为了人们上进，不仅利不能贪，功不能贪，名也不能贪；吃一分亏，积一分福；占一分便宜，招一分祸。"吃亏并不是轻易能做到的，需要有容忍雅量。能吃亏，是宽容大度、忍辱负重、能屈能伸的象征。

古时候，有一位林退斋尚书，他福德颇多，子孙满堂。在他临终时，子孙跪在面前请求训示，林退斋道："没有别的话，你们只要学吃亏就行了。韩信忍受胯下之辱，可以说是吃了大亏，后来韩信才能够登坛拜将，被刘邦册封为三齐王；大禹治水，三过家门而不入，因为他为民谋福，宁愿自己吃亏，最后大家公推他为帝。"

李嘉诚的长子李泽钜为人处世低调沉稳，是全球商界最具影响力的人物之一。一次，他在回答记者采访时说："我的父亲并没有教我赚大钱的捷径，他只是告诉我，在和别人合作的时候，如果觉得拿七分或八分很合理，那就只要六分。"这就是李嘉诚父子的经商理念：吃亏就是占便宜。

我们可以看到，不论是古代名人英雄，还是现代的成功人士，都秉承着"吃亏是福"的做人理念，这样的人心胸宽广，懂得做人的长远之道。作为青少年，在实际生活中只有懂得这个道理，才能在以后的人生中获得幸福和快乐。

事事计较，你将失去更多

> 大智者必谦和，大善者必宽容。唯有小智者才咄咄逼
> 人，小善者才会事事计较。
>
> ——周国平

事事计较的人吃不得亏，受不得委屈，忍不了一丁点儿的羞辱，睚眦必报，常常为自己的"言辞犀利"和"据理力争"而扬扬得意。我们先看下面的两个小故事。

故事一：有一个人很幸运地获得了一颗美丽的大珍珠，但因为那颗珍珠上有一个小小的斑点，他感到不满足。他希望能够剔除珍珠上的小斑点，让它成为世界上最珍贵的宝物。于是，他狠心剔除了一层又一层，直到最后那个斑点没有了，可珍珠也不复存在了。

故事二：一位旅客雇了一头驴准备出一趟远门。驴的主人赶着驴，载着旅客一起上路。在烈日炎炎下，两个人又热又累，只好停下来休息一会儿。旅客躲在驴的影子下，避免被太阳晒。而驴的主

人也想躲在驴的影子下歇息，可是在驴的影子下只能容一个人躲避烈日。于是，驴的主人坚持说他只租了驴本身并没有租驴的影子。旅客却说，他既然租了驴，当然包括驴的影子。他们争论个没完没了，最后打了起来，这时驴趁机逃跑了。

这两个故事给我们的启示是，人们往往为了一些小事而斤斤计较，以至在不知不觉中失去了更重要的东西。很多时候，人们需要别人的宽容，也要宽容别人，对他人的苛责只能使自己愤怒无比，毫无益处。

正如有人总结的那样：爱和朋友计较，你将失去友谊；爱和同学计较，你将失去学习中的合作；爱和长者计较，你将失去品格；爱和自己计较，你将失去自我；爱和误解计较，你将失去智慧；爱和老师计较，你将失去机会。因此，对于生活中的一些小事，青少年不要斤斤计较。因为越计较，失去的越多。

豁达大度，化解心中的怨恨

> 世界上最宽阔的是海洋，比海洋更宽阔的是天空，比天空更宽阔的是人的胸怀。
>
> ——雨果

豁达是一种大度和宽容，豁达是一种乐观和豪爽，豁达是一种品格和美德，豁达还是一种博大的胸怀、洒脱的态度，也是人生中最高的境界之一。

从欧阳修的"读苏轼书，不觉汗出，快哉快哉！老夫当避路，放他出一头之地也"，到王维的"行至水穷处，坐看云起时"，无不显示出一种超然的豁达来。

二战时期，美国的莱德勒少尉在塔图伊拉号炮艇上服役。一个星期天，他在一个拍卖会上用30美元拍得一个密封的大木箱。打开木箱，里面是两箱威士忌。许多围观的人希望出30美元买一瓶，但莱德勒婉言拒绝了，因为不久他将调走，他想留着这些威士忌开一个告别酒会。

嗜酒的海明威也在那里，他找到莱德勒，想买6瓶好酒尝尝。莱德勒以同样的理由拒绝了。然后，海明威掏出大把的钱说："卖给我6瓶，要多少钱都可以！"莱德勒沉默了一会儿，说："行吧，我用6瓶酒换你6堂课，你教我如何成为一个作家，怎样？"海明威爽快地答应了。

海明威认真地为莱德勒上了5堂课，准备上最后一堂课时，他临时有事要远行。临行前，海明威对莱德勒说："我绝不会食言，现在就给你上第6堂课。"

海明威说："在描写别人前，首先自己要成为一个豁达大度的好人。第一，要有同情心；第二，以柔克刚，千万不要讥笑不幸的人。"莱德勒疑惑不解地问道："做好人和写小说有什么关系？"海明威一字一顿地说："这对你的整个生活都是重要的。"

临走，海明威又说："有空的话一定尝尝你的威士忌。"

回去后，莱德勒打开威士忌，发现里面装的都是茶水，他不禁为海明威的豁达宽厚而深深感动。

其实，当海明威在给莱德勒上第一堂课的时候，他就已经知道了酒瓶中装的不是威士忌酒而是茶水，但他并不认为自己受到了欺骗，而是仍旧履行了他对莱德勒的承诺，用豁达大度的心胸包容了这一切。

豁达大度是一个人成就自我不可或缺的心境，而轻视他人、苟求他人往往是一个人心胸狭窄、思想浅薄与狭隘的表现。有这样一个故事。一个富人丢了很多的金银珠宝，朋友劝他不要难过，他却笑着说："我为什么要难过呢？我很高兴。高兴的是窃贼只窃走了我的财宝，而没有连我的性命一齐带走。"这便是真正的豁达。

北宋名臣吕蒙正从小父母双亡，被迫沦为乞丐，处境悲惨，因此，人们常用"穷过吕蒙正"来比喻一个人的穷困潦倒。后来，吕蒙正在艰苦的环境下发奋读书，终于有所成就，做了北宋的副宰相。

一次，有个官员在背后指着他说："这小子是乞丐出身，竟然也能在朝廷当官，真是太可笑了！"吕蒙正听到了这句话，却假装没听到。而吕蒙正的下属很气愤，对吕蒙正说："一定要追查此人，竟敢这样说您的坏话。"

正当这个下属就要转身去调查时，吕蒙正急忙阻止，说道："如果追查此人，知道了他的姓名，定会难以忘记彼此的怨恨，倒不如不知道的好。再说，他说说对我又没有什么损害，还是不追查的好。"听了吕蒙正的这番话，下属很佩服他的胸怀和大度。

吕蒙正在听到别人说他的坏话时，并没有怨恨对方，他以宽容豁达的心态处事，赢得了下属的敬佩。作为青少年，学会豁达不是一件容易的事，豁达是一种内在涵养的外在表现，是一种深刻的人生积淀。

这需要青少年不断充实和完善自己。用知识去充裕头脑，陶冶情操，净化灵魂，启迪思维，开阔视野，拓宽境界，提高层次；要想学会豁达，就要学会忍受，学会等待。要应对人生的挫折，要默默地忍耐和忍受，平静地排遣和解脱，顽强地搏击和抗争，并坚信经历了阴霾重重的灰暗，必将迎来阳光灿烂的明天。

胸怀都是被委屈撑大的

> 所谓完善的人，就是心胸宽广，富有献身和牺牲精神，
> 誓为全人类的幸福而努力奋斗的人。
>
> ——塞德兹

在生活当中，人们或多或少都要受点儿委屈。小时候，我们总觉得受委屈就是吃亏，用满脸的眼泪对人生的不公进行回击；长大后，很多人反而会由衷地感谢那些委屈，因为是它们让自己变得更出色。伟大是熬出来的，受得了多大的委屈，就做得了多大的事；受得了多大的诋毁，就能承受住多大的赞美。曾国藩有一句名言："受不得屈，成不得事。"也就是说，凡能成大事者，必定先承受许多委屈。

纵观古今中外，凡能成大事者，无不具有忍受甚至笑纳委屈的宽广胸怀，这些成大事者在"吞咽"委屈中吸取力量，学会淡定，历练成熟，涵养气度，增长智慧，发愤图强。

第四章　宽宏大量做人，豁达大度做事——胸怀与成功成正比

曼德拉是南非首位黑人总统，被尊称为"南非国父"。1962年，曼德拉被南非种族隔离政权逮捕入狱，当时政府以"煽动"罪和"非法越境"罪判处曼德拉监禁，自此，曼德拉开始了他长达27年的监狱生活。

1964年，他被转移关押在一个荒凉的大西洋小岛上。虽然已是高龄，但是他在狱中仍然遭受了严酷的劳役与虐待。但当出狱当选总统以后，曼德拉在他的总统就职典礼上的一个举动震惊了整个世界。

在总统就职仪式上，他曾经说道，他最高兴的是当初他被关在罗本岛监狱时，看守他的3名前狱方人员也能到场他的就职仪式。年迈的曼德拉还缓缓站起身来，恭敬地向3名曾关押他的看守致敬，这让在场所有来宾乃至整个世界都静下来了。后来，曼德拉对朋友说："那段牢狱岁月使我学会了控制情绪，也学会了处理苦难带来的痛苦。"

曼德拉虽然在狱中遭受了极大的委屈，但是他并没有对3名狱卒心生仇恨，反而邀请他们见证自己人生的辉煌时刻。曼德拉不愧为时代的伟人，自始至终都展示了非凡的胸怀和格局。因此，青少年要记住一句话：胸怀和格局都是被委屈撑大的，受得住委屈才能成就不一样的人生。

韩信曾因被流氓欺凌而受胯下之辱。自此以后，他发奋研究兵法，练习武艺，韬光养晦。后来他加入刘邦的军队，成为将军，为

刘邦打天下立下了赫赫功勋。韩信成为楚王后回到故乡，很多人都认为欺凌他的那个流氓必死，但韩信不但没有杀那个流氓，还让他做了小官。韩信曾说："若不是当时流氓欺负刺激我，我就不能奋发努力，所以应该感谢他。"

此事传为千古美谈，展现了一位军事家"王侯腹里堪走马，宰相肚里能撑船"的广阔胸襟。

凡事受不了一点儿委屈，一说就跳、一点就爆，其实是一个人涵养不够深厚，历练不够成熟，过于计较眼前的是非对错，过于在意利弊得失。青少年朋友，如果你能把每次的羞辱和伤害看成自己转变所需的能量，绝对能喂大你的胸怀和格局。不然过后，别人只会记得你爆发的情绪，只会记得你斤斤计较、容忍度不够的形象。

作为青少年，当面对委屈时，真的不需要太在意别人的眼光，只要记得永远对自己负责即可。人生在世，注定要受许多委屈，你要学会超然待之、一笑置之。记住：胸怀是被委屈撑大的，你忍受得了什么样的委屈，决定你能成为什么样的人。

宽容并不是纵容

> 宽宏精神是一切事物中最伟大的。
>
> ——欧文

孔子曰："过犹不及。"这说明凡事要把握好度，否则好事也可能变成坏事。宽容也一样，过度地宽容别人就是纵容对方。我们先看一个故事。

一天，一位老人挑了一担橘子赶往集市，路经一片树林。老人走着走着，突然头上湿了一大片。抬头望去，原来一个不到10岁的男孩故意在树上往下倒水，还发出窃喜的笑声。男孩见老人看他，就故意扮鬼脸，等着老人冲他发火。这时，老人用毛巾擦干头，冲着男孩笑了笑说："孩子，我正热，你倒的水正好让我凉快了。快下来，爷爷要奖励你。"说着，从口袋中拿出5角钱，男孩一看高兴极了，赶紧从树上爬下来了。

第二天，男孩又爬到了树上等着，像昨天那样"赚"零花钱。

等了半天，终于来了一个穿着时髦的中年人，男孩乐坏了，心想：
这回肯定能赚到1元钱。男孩立刻往下倒水，水也落在中年男人的
脑袋上。中年男人抬头一看，瞪大了眼冲着男孩吼："下来！"男
孩一下子溜到了树下，冲到中年男子的跟前，讨好地笑了笑，以为
又可以得零花钱了。没想到中年男人一把抓住男孩的衣服，狠狠地
把他摔到了地上，然后气鼓鼓地丢下几句话后扬长而去。

　　老人的无限纵容结下了男孩无知的苦果，使男孩接受了更为深
刻的惩处。宽容是中华民族的传统美德，也是通向成功的指南针。
但我们要切记宽容不是纵容。

第五章

相信自己，你会变成想要的模样——
梦想具有神奇的魔力

远大的梦想是人生成功的基石，一个人梦想越高远，他的成就就越大。你要相信自己，要点燃梦想，展开梦想的翅膀，飞向属于自己的那片自由的晴空！正如厚重的夜幕遮不住闪烁的群星，险峻的大山拦不住汹涌的激流一样，任何困难都不能让你梦想的翅膀折断。

种下理想，终有花开的一天

> 理想是指路明灯。没有理想，就没有坚定的方向；没有方向，就没有生活。
>
> ——列夫·托尔斯泰

理想是人生导航的灯塔，为我们指引着前进的方向；理想是春天里姹紫嫣红的花朵，那样美好，那样缥缈。一个人有了崇高的理想，也就有了人生的奋斗目标。理想是我们对未来的一种有可能实现的想象或希望，它决定着我们努力和前进的方向。

美国的第一任黑人州长罗杰·罗尔斯就职后在记者招待会上，对自己的奋斗历程一个字都没提，只是说了一个很陌生的名字——皮尔·保罗。

原来，皮尔·保罗是他小学的一位校长。1961年，皮尔·保罗被聘为诺必塔小学董事兼校长，当时正值美国嬉皮士流行的时代。他进入学校后发现，这里的穷孩子比迷惘的一代还要无所事事，他们常旷课、打架，甚至会破坏教室的黑板。皮尔·保罗用了很多办法来教育引导这些学生，可都没有什么作用。

后来，他发现孩子们都很迷信，于是想出了一个办法来鼓励孩子，就是给孩子们看手相。当罗尔斯从窗台上跃下，走向讲台伸出小手时，皮尔·保罗说："我看你这修长的小拇指就知道，将来你会是纽约州的州长。"罗尔斯听后大吃一惊，因为长这么大，连一个说他可以成为小船船长的人都没有。而这一次，皮尔先生竟然说他可以成为纽约州的州长，这出乎他的意料。

他在心里默默地记下了这句话。从此，他不再说脏话，衣服上不再沾满泥土，走起路来也开始抬头挺胸……他开始以高标准慢慢地改变自己。在以后的40年间，他没有一天不按州长的身份要求自己。51岁那年，他真的成了州长。

虽然皮尔先生的那句话是出于鼓励罗尔斯说的，但就是因为这句话，罗尔斯在心中种下了理想的种子，于是他每天朝着这个目标努力奋斗，最终有了"花开的一天"，实现了他的理想。因此，青少年要相信，种下梦想，终有花开的一天。

约翰·弥尔顿在儿时就梦想着有一天可以写成一篇史诗般的诗歌。儿时这个虚无缥缈的理想，在青年时期已经变得坚不可摧。他通过学习、旅行，走过了艰难的岁月，直至成年，这个人生的愿景始终留在他的心里。老年时，他终于实现了自己儿时的理想。他的诗歌《失乐园》穿过了漫漫岁月的洪流，直到现在仍为人们传诵。

相反，一个没有了梦想的人就像鸟儿没有了翅膀，再也不能飞起来！法国作家巴尔扎克说过："没有伟大的愿望，就没有伟大的天才。"这种伟大的愿望就是梦想。作为青少年，你要以一种尽善尽美的态度，仔细地做好人生计划，有序地实现心中的理想。

最后，青少年千万不要错误地认为，真正实现理想的人生，只是属于那些在世上有惊天动地的成就的伟人。一位女裁缝从早到晚在穿针引线，以自己的努力养活家庭，贫穷的补鞋匠坐在长凳上认真忙活着。与那些伟人相比，他们也是在真切地实现着自己的梦想。

美国作家、演说家奥利弗·温德尔·霍姆斯说："一个人所处的位置并不是最重要的，他所前进的方向才是最要紧的。"这就是我们所要努力追求的理想。

敢于梦想，天空从来都不是极限

> 成功开始于想法。
>
> ——比尔·盖茨

梦想是生活的航标，梦想是美好的憧憬，梦想是理想的翅膀。拥有梦想才会拥有未来。如果一个人没有梦想，就好比飞机失去航标，船只失去灯塔，终将被社会淘汰。

比尔·盖茨说："成功开始于想法。"一个连想法都没有的人，还谈什么成功？这种想法可以是小的，也可以是大的，甚至可以是幻想。因为幻想最能激发人的创造潜力，在很多创造领域里，做梦的能力要大于意志力。

100多年前，一位穷苦的牧羊人带着他的两个儿子靠给别人放羊维持生活。一天，他们赶着羊群来到山坡上，两个儿子看到一群大雁在天空中自由飞翔。

小儿子问父亲："大雁要飞到哪里去呢？"

牧羊人回答道："为了度过寒冷的冬天，大雁们要飞到一个适合它们居住的温暖的地方。"

大儿子羡慕地说："如果我能像大雁一样在天空中自由飞翔，该多好啊！"

牧羊人沉默了一会儿，对两个儿子说："只要你们敢想，你们一定也能飞起来的。"

大儿子和小儿子张开双臂试了试，没有飞起来。两个人用疑惑的眼神看着父亲。牧羊人说："我飞给你们看。"牧羊人也张开双臂，但最后也没有飞起来。

接着，牧羊人对他的两个儿子坚定地说："孩子们，因为我年龄大了才飞不起来。你们还小，只要不断努力，我相信将来你们一定会飞起来的，飞到想要去的地方。"

牧羊人的两个儿子用力地点点头，牢牢记住了父亲的话。后来，他们发明了飞机，果然飞起来了。这两人就是美国的莱特兄弟，哥哥叫维尔伯·莱特，弟弟叫奥维尔·莱特。

小时候的莱特兄弟产生了一个在常人看来不可能实现的想法，并不断努力和坚持，最终才获得了成功，发明了人类第一架飞机。有这样一句话：这个世界上只有想不到的，没有做不到的。人类的进步往往就是从幻想开始，人一生的进步也是如此。作为青少年，你要敢于梦想，勇于梦想，更要勤于圆梦。

想实现梦想，缺了自我激励怎么行

> 人可能被恐惧激励，也可能被奖励激励，但是这两种激励都只是短暂的。唯一持久的是自我激励。
>
> ——荷马·赖斯

能够取得成功的人，总能坚持自己的信念和目标，即便明明知道自己将要面临失败，即便真的屡屡遭受失败，他们也不会轻言放弃，而是让自己在一次次的失败中越变越强，最终成为被人羡慕的成功人。这其中不可缺少的必要因素就是自我激励。

美国某公司的总裁朗托斯曾在她的演讲中讲述她梦想成功的过程。

起初，朗托斯是一个肥胖的家庭主妇，每天总会睡十几个小时。一天，她终于厌倦了这样的生活，于是决心改变自己。

开始，她会听一些积极向上的录音带，并根据录音带中的自我激励的方法，每天对自己说3次肯定宣言，但其实她总会对自己说50次。为了使自己有一个好形象，她把一个健美的明星照片贴在墙上，并换上自己的头像。她一遍又一遍地想象自己整洁、外向、自信的样子。过了一段时间后，她发现自己真的和照片上的明星形象接近了。她不仅减掉了身上20千克的赘肉，还比原来自信许多。

接着，朗托斯找了一份与销售有关的工作。她同样激励自己，立志要成为最优秀的销售员。没过多长时间，她真的做到了。然后，她又想在广播电台做销售，但电台的主管一再表示不愿见面。坚定的朗托斯并没有因此转身离开，她在电台主管办公室的正对面搭棚露营，直到这位主管肯见她为止。最后，朗托斯得到了这份工作。

在她的积极努力下，电台广告业绩在短时间内传奇般地提升了7倍。一年多以后，她成了迪士尼旗下夏洛克广播公司的副总裁。之后，她又创立了自己的公司。

故事中的朗托斯运用积极思想、正面宣言，以及辛勤非凡的努力，不断自我激励、自我塑造，终于实现了自己的梦想。因此，作为青少年，要想实现自己的梦想，应始终保持积极乐观的人生态度，在追求梦想的道路上通过自我激励，你才能够看到最美的彩虹，收获梦想成真的喜悦。

德国专家斯普林格在其所著的《激励的神话》一书中写道："强烈的自我激励是成功的先决条件。"美国哈佛大学威廉·詹姆斯研究发现，一个没有受到过激励的人，仅能发挥其能力的20%～30%，而一个受到过激励的人，其能力可发挥80%～90%，即一个人在通过充分的激励后，所发挥的作用相当于激励前的3～4倍。

当然，自我激励不是简单地在内心给自己加油和鼓劲，而是有具体方法可循的心理技巧。当你掌握了这些技巧，面对各种挫折和困难时，内心就会不由地生出一种积极向上的动力，推着你不断向前，战胜生活中的种种障碍，直到你达成目标、实现梦想。

那么，如何进行自我激励呢？下面是几种有效的自我激励的方法，以供青少年们借鉴。

1. 有所期待

在你每天醒来时，都要有所期待。具体来说，就是在你的脑海中主动想象一个自我成功的画面，而不是被动等着去接受一个画面。换句话说，你要做自己未来的创造者。

2. 语言激励

语言激励就是通过自我暗示的方法，能够调动你的内在动力，提高你的自信心。你可以尝试每天坚持面对镜子说"我能行"，也可以用其他激励语言，如"我是优秀的""我是厉害的"。

3. 运动激励

当遇到挫折和困难时，你可以离开现在的生活环境，尝试一项运动，如跑步、打乒乓球、爬山等。因为运动可以让一个人减缓压力，提高自信心。

4. 调整好情绪

研究表明，人在心情愉快的时候，体内就会发生奇妙的变化，并在内心生出一种新的力量和动力。因此，当你面对逆境情绪不佳时，不妨做一些让自己开心的事，先调整好心情，再去克服遇到的困难。

脚踏实地，梦想才不会成妄想

> 现实是此岸，理想是彼岸，中间隔着湍急的河流，行动则是架在河上的桥梁。
>
> ——克雷洛夫

梦想是彼岸的春天，只待人生的春风一点一点吹遍光阴的两岸；而妄想是彼岸的鬼火，是此岸一个人在小小的思想的城里，千万次对自我精神的鳞片虚妄地燃烧，是不能抵达的追逐和遥望。其实，梦想和妄想之间只缺一个脚踏实地的行动、一份真真切切的努力。只要脚踏实地，一步一个脚印地努力前进，再大的梦想都能实现；相反，只有梦想，却不愿脚踏实地地行动和努力，那梦想就会成为妄想，永远不会实现。

伟大的哲学家柏拉图有一名学生。他很有理想，一直希望自己能够像老师一样伟大，甚至希望成为比老师更博学的哲学家；他很聪明，总是能够在较短的时间内领会老师的意思，提出有自己独特见解的问题。但是，这个学生也有自己的缺点：他只会看到大目标，而不顾脚下道路的坎坷。因此，柏拉图一直想找个合适的机会让这个学生意识到自己的不足。

一天，柏拉图和这名学生一起散步。他看到不远的地方有一个土坑，土坑周围长着一片杂草，平时人们只要稍微注意，就可以安全绕过。柏拉图知道他学生的缺点，于是他指着远处的路标对学生说："前面有个路标，我们以那个路标为目的地，进行一次行走比赛怎么样？"这名学生爽快地答应了，两个人的比赛也随即开始。

年轻力壮的学生步伐轻快，不一会儿就超过了老师，而柏拉图则在他后面紧跟着。柏拉图看到学生离土坑很近时，提醒道："小心脚下的路。"学生却笑着对老师说："老师，您应该加快速度了，难道您没看到我比您离目标更近吗？"

学生的话音刚落，柏拉图就听到"啊"的一声叫喊，学生果然掉进了土坑里。虽然土坑不是很深，但凭他一个人的努力是很难上来的。柏拉图不紧不慢地走了过去，并没有急着拉学生上来，而是意味深长地对学生说："现在你还能看到前面的路标吗？谁能更快地到达目的地呢？"

学生终于领会了老师的意图，低着头羞愧地说："我一心只想着到达目的地，却忘了走好脚下的每一步路。"

故事中柏拉图的学生是一个聪慧、有梦想的人，但他对于自己的目标和梦想，总是不能脚踏实地。柏拉图便寻找了一个合适的时机，让学生意识到自己的缺点。虽然一个人的生活必须要有梦想的指引，但是仅有梦想而无法脚踏实地地朝着目标前进，也就无法实现预期的目标。

"合抱之木，生于毫末；九层之台，起于累土；千里之行，始于足下。"我们的先贤哲人用这些朴素的哲理告诉我们，每一个伟大目标的实现，都要从基础的目标开始，脚踏实地地努力去做。如果妄想一镢头挖一口井，那么最终只能接受失败的结局。

牛顿之所以成为伟大的科学家，并不是源于他的灵光一闪，而是由日复一日、年复一年的演算和观察，以及他计算出的每一个小小数据逐渐积累起来的；达·芬奇脚踏实地地练习画鸡蛋，是为了苦练基本功，遭遇失败时，他一次又一次地审视自己的不足，终于将绘画技术练得炉火纯青，画出了《蒙娜丽莎》《最后的晚餐》等绝世名作；李时珍几十年如一日地采集草药和整理资料，才有了《本草纲目》的诞生……

作为青少年，你一定要记住先贤给我们的启示，脚踏实地一步步努力，才能更快、更好地前行，逐渐达成目标。每前进一小步，就离实现梦想更近一步，当最终的目标越来越清晰地出现在眼前的时候，你就会发现，没有什么可以阻挡你前进的脚步。

用目标激励自己，努力实现梦想

> 只要不丧失目标，走得最慢的人，也比漫无目的徘徊的人走得快。
>
> ——莱辛

拥有梦想容易，但真正能坚持下来的人却不多。这是因为在实现梦想的过程中会遇到各种各样的困难，以至于人们不想再尝试。他们感到无力、害怕、毫无办法。对于青少年来说，更是如此。其实，实现梦想并不难，只要把自己的梦想分成几个阶段的目标，一步一步地前进就会容易实现。

日本著名的马拉松运动员山田本一也是通过制定目标的方法，拿下一次又一次的冠军。当记者问他是怎样取得这么好的成绩时，他只回答了记者一句话："比赛需要智慧，我用智慧战胜了对手。"

这个智慧到底是什么呢？他在自传中这样写道："每次比赛前，我都要乘车把比赛的线路仔细看一遍，并记下明显的标志，比如第一个标志是银行，第二个标志是一棵大树，第三个标志是一座红房子，这样一直画到赛程的终点。比赛开始后，我就以百米冲刺的速度奋力向第一个目标冲去。等到达第一个目标后，我又以同样的速度向第二个目标冲去。四十几公里的赛程，就被我制定成这么几个小目标轻松地跑完了。"

案例中日本著名的马拉松运动员山田本一就是用制定的小目标来激励自己，一步一步最终实现了大目标，甚至可以说是梦想。人生若拥有清晰而明确的目标，做什么事情都不会迷茫。那些一事无成的人，往往没有设立目标，或者虽然设立了目标，却没有将其付诸行动。青少年在实现梦想的过程中，应把大目标分成几个小目标，一步一步地去完成，就不会感到有太大的压力。也许几年之内你并不能实现梦想，但是只要一直努力下去，你就会发现自己离梦想越来越近。

弗罗伦丝·恰克是横渡英吉利海峡的第一位女性。1952年7月4日，加利福尼亚海岸及附近的太平洋洋面笼罩在浓雾中。那天早晨，海水冻得她浑身发麻，雾很大，甚至看不到护航的船只。她一个人坚定地游着，时间一小时、一小时地过去，已经15个小时了，她仍然在游。

终于，她感到又累又冷，她知道自己不能再游了，就请求拉她上船。随船的教练及她的母亲告诉她海岸很近了，不要放弃。但朝加州海岸望去，她除了浓雾外，什么也看不到！

最后，在她的再三请求下，人们把她拉上了船。到了岸上，她渐渐觉得暖和多了。这时，她才发现，人们拉她上船的地点离加州海岸只有半英里！一时间，她感到失败的打击。

"说实在的，"她不无懊悔地对记者说，"我不是为自己找借口，如果当时我看见陆地，也许就能坚持下来。"

其实，令她半途而废的不是疲劳，也不是寒冷，而是在浓雾中看不见目标。

两个月后，她成功地游过同一个海峡，且比男子的记录快了大约两小时。这次，因为她有了非常清晰的目标，所以她成功了。

案例中弗罗伦丝·恰克在将要到达终点的时候放弃了，是因为她没有目标；后来，她带着明确的目标又一次挑战自己，终于成功地游过了英吉利海峡。

目标是一个人尤其是青少年成功路上的里程碑，它能给你一个看得见的靶子，当你脚踏实地实现这个目标时，就会有成就感和自信心，向着高峰挺进。它能调动你的激情，调动你的心力。你一旦想到这种强烈的愿望，就会产生惊人的动力，有一种钢铸的精神支柱；一想到它，你就会为之奋力拼搏，就会忘我地投入行动。

心理学上把个体为了实现目标而产生强大的意志力量的现象，称为目标效应。在青少年的成长过程中，目标效应可以起到积极的作用。一旦你心中有了明确的目标，就会被激发出主动性和挑战欲，不被中途的挫折打败。

那么，青少年在制定梦想的小目标时，需要注意哪些方面呢？

1. 要符合自己的实际能力

由于缺乏经验和知识，青少年应先对自己的各项情况进行分析，然后再结合自己的实际能力制定出科学、具体的小目标。如果目标脱离实际情况，那么在实施过程中就很容易出现问题，也难以养成周密计划的习惯。

2. 找一个监督自己的人

制定出目标后，如果你不能坚定地去执行，可以找一个监督自己的人，如爸爸妈妈，让他们来监督自己的行为。

3. 每完成一个小目标，要做出及时的反馈与评价

了解自己哪些地方做得好，哪些地方做得不好，一定要对自身有一个清晰的认识，以便下一次能做得更好。

如何实现自己的梦想

> 成功的秘诀，在于永不改变既定的目的。
>
> ——卢梭

实现梦想并不是一件非常复杂的事情，我们也不应该让它变成复杂的事情。青少年朋友，要想实现梦想，也许需要你每天做一点点，也许需要你每天早起半个小时……只要你每天坚持这样一个小小的行动，就足以让你实现自己的梦想。

那么，青少年具体应该如何实现自己的梦想呢？

1. 要把长远理想与现实生活相结合

鲁迅先生说过："失掉了现在，也就没有了未来。"一些人一谈起理想，就非常激动，但是认为那是将来的事，并一直没有行动的痕迹。虽然有理想是好的，但要把长远理想与现实生活结合起来，需要一步一步脚踏实地去实现。

2. 要把伟大梦想与平凡小事相联系

要想实现梦想，一定要从身边平凡的小事做起。俗话说："千里之行，始于足下。"有的人总想一步登天，而不愿扎扎实实地从平凡小事做起，这是不正确的。所有大事都是由无数小事组成的，小事虽小，但它是大事之源。

3. 拥有能吃苦的精神

俄国寓言大师克雷洛夫说："现实是此岸，理想是彼岸，中间隔着湍急的河流，行动是架在河上的桥梁。"要想实现自己的理想，必须付出艰辛的劳动。青少年只有树立了艰苦奋斗的精神，才能在生活的道路上坚韧不拔，不论什么艰难险阻都能克服，才能在学习上兢兢业业、刻苦钻研，才能用辛勤的汗水培育出丰硕的果实。

第六章

你不理财，财不"理"你——
高财商让你人生大不同

财商是一个人认识金钱和驾驭金钱的能力，是一个人在财务方面的智力，是理财的智慧。财商是与智商、情商并列的现代社会三大不可或缺的素质之一。

"上算智生钱，中算钱赢钱，下算力换钱"，这句话充分说明财商的重要性。青少年要不断提高自己的财商意识，让将来的自己更具有魅力。

天下没有免费的午餐，奶酪需要自己争取

> 人生中有时候一个人为不花钱得到的东西付出的代价
> 最高。
>
> ——爱因斯坦

"天下没有免费的午餐"，这句话最早是由经济学大师弗里德曼提出来的。它的本义是：即使你不付钱吃饭，可你还是要付出代价的。因为你吃这顿饭的时间，可以用来做一些其他更有价值的事情。我们先来看一个小故事。

从前，有一位爱民如子的国王，他在位期间，一直兢兢业业，带领着他的臣民不断开拓创新，终于使整个国家繁荣昌盛起来，人民丰衣足食，安居乐业。后来，国王渐渐老去，而深谋远虑的他，担心他死后人民是不是也能过着幸福的日子。于是，他便召集了一批国内最著名的学者，然后命令他们根据自古以来的经验，总结出一种能够确保人民生活幸福的永世法则。

　　这些学识渊博的学者接受了国王的命令之后，便开始努力地钻研，并搜集、查阅了大量的资料，终于在三个月后，把三本厚厚的帛书呈给国王说："尊敬的国王陛下，天下所有的知识都已经汇集在这三本书里了。只要让老百姓把这些书读完，就能确保他们的生活无忧了。"国王不以为然，因为他认为老百姓不会花那么多时间来看书，所以他再命令这些学者继续钻研。

　　于是，学者们又开始了夜以继日的钻研，对那些内容进行反复删减。两个月后，学者们终于把那三本厚厚的书精简成了一本，并再次呈到国王面前。但是，国王看后，还是不满意，又让学者们拿回去继续精简。

　　一个月后，学者们这一次把一张纸呈给国王。国王看后非常满意地说："很好，只要我的人民日后都真正奉行这宝贵的智慧，我相信他们一定能过上富裕、幸福的生活。"说完后便重重地奖赏了这些学者。

　　原来这张纸上只写了一句话：天下没有免费的午餐。

　　这句话一语道破了一个真理：任何美好事物的获得都是极为艰难的，都要为之付出相应的代价。要想有所收获，就得有所付出。有耕耘才有收获，有奋斗才有成功。因此，要想花一分的代价去换取十分的回报，是永远不可能实现的。

　　美国第一位十亿富豪与全球首富洛克菲勒曾这样告诫孩子："勤奋工作是唯一可靠的出路，工作是我们享受成功所付出的代价，财富与幸福要靠努力工作才能得到。天下没有白吃的午餐。如果人们知道出人头地要以努力工作为代价，大部分人就会有所成就，同时也将使这个世界变得更加美好。而白吃午餐的人，迟早会连本带利地付出代价。"

蝉联香港首富20年、全球华人商界领袖李嘉诚也曾说："如果子孙是优秀的，他们必定有志气，选择凭实力去独闯天下。反言之，如果子孙没有出息，享乐、好逸恶劳、存在着依赖心理，动辄搬出家父是某某，子凭父贵，那么留给他们万贯家财只会助长他们贪图享受、骄奢淫逸的恶习，最后不但一无所成，反而成了名副其实的纨绔子弟，甚至还会变成危害社会的蛀虫。如果是这样的话，岂不是害了他们吗？"

总之，青少年要明白天下没有免费的午餐，奶酪需要自己去争取。风刮不来，雨下不来，你必须付出自己的劳动才能获得。

做金钱的主人，而不是奴隶

> 如果你懂得使用，金钱是一个好奴仆；如果你不懂得使用，它就变成了你的主人。
>
> ——马克·吐温

财商是一个人财务方面的智力，其中一个方面就是正确认识金钱。对于金钱，青少年要有一个正确的认识：要做金钱的主人，而不是奴隶。

同许多美国人一样，富勒一直在为一个梦想奋斗，这就是从零开始，而后积累大量的财富和资产。到30岁时，富勒已挣到了百万美元，他雄心勃勃地想成为千万富翁，而且他也有这个本事。他拥有一栋豪宅，一间湖上小木屋，2000英亩地产，以及快艇和豪华汽车。

但问题也来了：他工作得很辛苦，常感到胸痛，而且他还疏远了妻子和两个孩子。他的财富在不断增加，他的婚姻和家庭却岌岌可危。

一天，富勒在办公室心脏病突发，而他的妻子在这之前刚刚宣布打算离开他。他开始意识到自己对财富的追求已经耗费了他真正珍惜的所有东西。他打电话给妻子，要求见一面。当他们见面时，他们热泪盈眶。他们决定消除掉破坏他们生活的东西——他的生意和物质财富。

他们卖掉了所有的东西，包括公司、房子、游艇，然后把所得收入捐给了教堂、学校和慈善机构。他的朋友都认为他疯了，但富勒从没感到比此刻更清醒过。

接下来，富勒和妻子开始投身于一桩伟大的事业——为美国和世界其他地方的无家可归的贫民修建"人类家园"。他们的想法非常单纯："每个在晚上困乏的人至少应该有一个简单而体面，并且能支付得起的地方用来休息。"美国前总统卡特夫妇也热情地支持他们，并穿上工装裤来为"人类家园"劳动。

富勒曾有的目标是拥有1000万美元资产，而现在，他的目标是为1000万人甚至更多人建设家园。目前，"人类家园"已在全世界建造了6万多套房子，为超过30万人提供了住房。

富勒曾为财富所困，几乎成为财富的奴隶，而且差点儿被财富夺走他的妻子和健康；而现在，他是财富的主人，他和妻子自愿放弃了自己的财产，而去为人类的幸福工作，他自认是世界上最富有的人。

作为青少年要明白，虽然金钱非常重要，但要知道，金钱也只是我们幸福生活的一部分，是达到自己人生理想的一种手段和媒介。如果一个人为了金钱而毁掉自己的人生，因为手段而失去目标，那就得不偿失、本末倒置了。

巴尔扎克的小说《欧也妮·葛朗台》，塑造了一位让人生厌的守财奴老葛朗台，他是欧也妮·葛朗台的父亲。小说中老葛朗台是法国索漠城一个最有钱、最有威望的商人，但他为人极其吝啬，在他眼里，妻子、女儿还不如他的一枚零币。老葛朗台的贪婪和吝啬虽然使他实现了大量聚敛财物的目的，但是他丧失了人的情感，异化成一个只知道吞噬金币的"巨蟒"，并给自己的家庭和女儿带来了沉重的苦难。我们对于这样的人是非常鄙视的。

英国思想家培根说过："对于财富，我充其量只能把它叫作美德的累赘。财富之于美德，犹如辎重之于军队。辎重不可无，也不可留在后面，但它妨碍行军。不仅如此，有时还因顾虑辎重，而丢掉胜利或妨碍胜利。"

《富爸爸，穷爸爸》的作者罗伯特·清崎曾说："理财对于一个人来说是一种非常重要的社会生存技能，一个人必须端正对金钱的态度，不能成为金钱的奴隶，而是要让金钱为我们服务。"

总之，青少年要知道，金钱是每一个人换取物质生活的必要媒介，我们每一个人都要做金钱的主人。

勤俭节约，积累财富的重要途径

> 节俭本身就是一个大财源。
>
> ——辛尼加

人类社会发展到今天，物质生活日益丰富，人们的生活方式和消费观念也在不断变化，这是毋庸置疑的事实。但这与提倡勤俭节约并不矛盾。

相反，勤俭节约是一种态度，"一粥一饭，当思来之不易；半丝半缕，恒念物力维艰"，做到勤俭节约需要我们与自己日益膨胀的虚荣心及无穷无尽的物质欲望做斗争；勤俭节约是一种品质，"夫君子之行，静以修身，俭以养德。非淡泊无以明志，非宁静无以致远"，一个懂得勤俭节约的人往往与艰苦奋斗、乐于助人、独立自主、聪明机智等一系列美德相伴；勤俭节约也是积累财富的重要途径。

从前，在一座山下住着一个农民，他一生勤俭持家，生活过得无忧无虑，美满幸福。相传在这个农民临终前，交给他的两个儿子一块横匾，上面写着"勤俭"，并告诫他们说："你们要想一辈子不受饥挨饿，就必须按照这横匾上的两个字去做。"

后来，这两个兄弟分家时，把这块匾锯成了两半，老大分得了一个"勤"字，老二分得了一个"俭"字。老大把"勤"字恭恭敬敬地高挂在家里，每天日出而作、日落而息，因此家中五谷丰登。但老大的妻子却不懂得节俭，孩子们常常将吃了两口的馒头扔掉，时间长了，家里的粮食越来越少了。

老二得到匾后，把"俭"字供放中堂，却把"勤"字忘得一干二净。他疏于农事，又不肯精耕细作，每年收获的粮食少之又少。尽管一家人省吃俭用、节衣缩食，但日子也难以维持下去。

有一年遇上大旱，老大和老二家的粮仓中早已是空的了。情急之下，他们兄弟二人扯下字匾，将两块字匾踩碎在地。这时，突然从窗外飞进屋内一个纸条，上面写道："只勤不俭，好比端个没底的碗，总也盛不满！只俭不勤，坐吃山空，必须要受穷挨饿！"兄弟二人这才恍然大悟，原来勤俭两个字是不能分开的，"勤"与"俭"相辅相成，缺一不可。后来，兄弟二人将"勤俭持家"四个字贴在了门上，用来告诫自己和家人。

如果一个人只勤不俭，或只俭不勤，就会像故事中的老大儿子和老二儿子一样，都不能很好地积累财富。勤能生财，俭能聚财。勤俭的人能够更好地致富，节约的人能够更好地守财，一个人只有具备了致富与守财这两种能力，才能让自己不为财富发愁。

作为青少年，你要体会到父母挣钱的辛苦和来之不易，在生活中养成勤俭节约的好习惯，如吃饭时不剩饭，饭菜不随意扔掉；用水时水龙头不要开得太大，用完后要关紧水龙头；生活中注意节电，光线充足时不开灯，充分利用自然光，随手关灯，人走灯灭；不丢弃没写完的作业本和纸张，可以留作草稿纸或他用，养成双面用纸的好习惯；等等。

当然，青少年还要明白的一点是，养成勤俭节约的好习惯，并不是说要过分地节俭。过分地节俭就和过分地消费是一样的道理，都是不合理的。美国作家约瑟·比林斯说："有几种节俭是不合算的，比如忍着痛苦节俭就是一个例子。"然而，并不是所有人都懂得节俭的真正意义。真正的节俭并非吝啬，并非一毛不拔，而是省用得当。

君子爱财，取之有道

> 君子爱财，取之有道。
>
> ——《增广贤文》

"君子爱财，取之有道。"这是先贤们对于财富积累行为的一句原则性的忠告：君子追求财富，应该以符合道义为原则。

古代，有一对母子相依为命，母亲叫李桂花，儿子叫王志熙。为了生活，儿子没怎么读书，少年时就开始帮着母亲照顾两亩菜园，每天一大早挑菜进城去卖，挣几个钱，聊以度日。

一天早上，王志熙挑了一担青菜进城去卖。他路过城里的中医堂，借着门前微弱的灯光，依稀看到地上有一个褡裢，他顺手拾起来放进了菜担里。到了菜市场，王志熙打开一看，里面竟是一沓银票，他细数了一下，一共是八十两银子。

王志熙从来没见过这么多银子，于是他也不卖菜了，挑起担子就往家走。到了家里，母亲见儿子这么早回家，担子里的菜也没卖出去，疑惑地问："儿子，今天为什么这么早回来呢？"王志熙兴奋地说："娘，我们发财了，我捡到八十两银子，我们成了有钱人了。"说着他拿出银票递给母亲看。

母亲见后并没有露出喜悦的神情，而是对儿子说："这些钱来路不明，你还是送回去吧。"接着，母亲又唉声叹气地说道："亏你还跟父亲读了几年书，你父亲活着的时候经常说'君子爱财，要取之有道'，这么多银票，说不定是人家的救命钱。如果我们拿了这些钱，那又和谋财害命有什么区别呢？"王志熙恍然大悟，对母亲说："好，我这就去寻找失主，把钱还回去。"说完，他就出了门。

黑格尔曾说："凡是现实的都是合乎理性的，凡是合乎理性的都是现实的。"海涅把他的话改了一下，成了现在经常说的一句话："凡是存在的就是合理的。"同样的，我们追求物质财富，希望生活富裕，也是合理的、是人之常情。但同时我们也要明白，取财必须要靠自己的辛勤劳动和汗水，要遵守国家法纪和市场经济的游戏规则，不能因为一时的鬼迷心窍而做出有悖人性、愚蠢野蛮的行动，否则等待我们的将是法律的制裁。作为青少年，你一定要切记：君子爱财，要取之有道！

投资意识，播下未来赚钱的小种子

> 一个人一生能积累多少钱，不是取决于他能够赚多少钱，而是取决于他如何投资理财。人找钱不如钱找钱，要知道让钱为你工作，而不是你为钱工作。
>
> ——沃伦·巴菲特

人们都希望自己手中的钱越来越多，但是仅仅把钱装在口袋里永远也不会增加。要想使手中的钱变多，就要有投资意识。然而，在现实生活中，很多人把不投资归结于没有钱，认为投资都是有钱人的事情，其实他们这是本末倒置。

正确的投资观念是，不是因为有钱才做得好，而是因为做得好才有钱，关键在于有没有投资意识。如果有很强的投资意识，没有钱的人也一定会克服困难的。

也就是说，投资并非有钱人的专利，普通工薪阶层，甚至是青少年都可以从一些小钱开始做投资，积少成多，让钱生钱才是金钱的神奇力量。

　　一个饥肠辘辘的年轻人在达拉斯市街头捡到一个大苹果。他舍不得吃，用苹果跟一个小男孩换了1支彩笔和10张绘画用的硬纸板。然后他把硬纸板全部做成了接站牌，以1美元一个的价格在车站兜售。两个月后，他用赚到的钱制作了精美的迎宾牌，销量很好。

　　一年后，年轻人用手中的5000美元买下了一个郊区小旅店，经过努力经营，很快就有了5万美元。他又用这笔钱租下了位于达拉斯商业区大街拐角的一块土地，接着用土地作为抵押去银行贷到了30万美元，又找到一位富翁出资20万美元入股。不久，以这个年轻人的名字命名的旅馆建成了，它就是著名的达拉斯"希尔顿酒店"。希尔顿酒店以"你今天对客人微笑了吗"为座右铭，很快将实业和服务理念延伸到全世界，在世界各国拥有数百家酒店，资产总额达到7亿多美元，成为名副其实的希尔顿酒店帝国。这个最初捡到苹果的年轻人就是名噪全球的康拉德·希尔顿。

　　从仅有的一个苹果到拥有7亿多美元的资产，这笔巨额财富的积累，希尔顿仅用了17年时间。希尔顿回忆起这段往事时，平静地说："上帝从来都不会轻看卑微的人，他给谁的都不会太多。"

　　从这个故事中我们可以看出，拥有很强的投资意识对于一个人未来的财富之路是多么重要！华尔街的一位理财师说过这样的话："不要拼命地为了赚钱去工作，要学会让金钱拼命地为你赚钱。"这句话可谓道出了财富的真谛。

　　投资意识不是天生的，它是通过后天培养起来的。平时，青少年可以抽出一定的时间阅读感兴趣的投资理财书籍，这可以让你获得更广泛的投资知识及经验；或者你还可以通过收听、收看各种商业电视节目，及时了解最新的投资信息，强化自己的投资意识。

另外，青少年要区分开投资与投机。比如，对于买房，一次性投入资金，以后逐年得到回报，若干年后除收回本金外还有利润，如买房出租，从租金中收回投入的成本，或买房建厂等，每年都能有收益的项目，这些都属于投资；而买房后什么也不干，等房子涨价后卖掉，这属于投机。投资与投机的关键区别是动机不同，判断依据是看对社会和他人有无好处。

懂得感恩与回报，是财之大道

> 慈悲不是出于勉强，它像甘露一样从天上降下尘世；它
> 不但给幸福于受施的人，也同样给幸福于施与的人。
>
> ——莎士比亚

当一个人的财富积累到一定阶段后，对财富意义理解得不同，支配财富的方式也就截然不同。越来越多的财富名人的事例告诉我们，财富的意义不在财富本身。除了满足日常的生存需求外，我们也有责任为自己的财富寻找超越个人需求的意义，懂得感恩与回报，才是财之大道。

1911年，美国钢铁大王安德鲁·卡内基创立了纽约卡内基基金会，奠定了现代慈善事业的基础。他不主张把财富零零碎碎地分给普通百姓，而是通过设立基金会，以企业化的方式管理。这种方式不仅使卡内基基金会得以历经100多年历史而屹立不倒，还定了美国现代慈善组织的基本模式。

直到现在，卡内基捐赠的图书馆依然遍布美国多个地方，他建立的主要基金会和信托基金——卡内基苏格兰大学信托基金、卡内基邓弗姆林基金会、卡内基学会、卡内基国际和平基金会、卡内基英雄基金委员会、华盛顿卡内基学会和卡内基公司仍然在运转着。

作为美国现代慈善事业的开创者，卡内基启发了包括比尔·盖茨在内的一代又一代美国人。卡内基曾留下名言，"拥巨富而死者以耻辱终"，为慈善家世代传诵。最终，作为美国第一代超级富翁，卡内基捐出了他的全部身家。

另外，有美国"股神"之称的巴菲特在早些年就已经许下承诺，宣布要将自己名下99%的资产捐献给慈善事业。"就我自己而言，1%的个人财富就已经足够我和家人使用，留下更多的钱既不会增强我们的幸福感，同时也不会让我们更加安康。"巴菲特这样说。

不仅如此，在2010年，巴菲特还和他的好友盖茨一起发起了"捐赠誓言"活动，号召亿万富翁生前或者死后至少用自己的一半财富来做慈善。

像这样的大富翁还有很多，他们懂得感恩，舍得把自己的全部财富回报给社会，去帮助那些需要帮助的人，这种财富观是非常值得青少年学习的。

畅销书《富爸爸，穷爸爸》的作者罗伯特·T.清崎先生说，他的富爸爸深信钱是要先付出才会有回报的，因此，富爸爸在年轻时就养成习惯，无论再困难都要定期捐出一点钱来回馈社会，于是他越来越富有。而穷爸爸总是说，只要有多余的钱一定捐出来，然而终其一生，他始终都没有多余的钱。因此，懂得感恩与回报，对青少年以后的财富之路非常重要。

作为青少年，你要在生活中懂得感恩家人、朋友和老师，用行动去回报他们。比如，在父母过生日的时候，给他们买一份小小的礼物，礼物不必多贵重，重在你有一份感恩与回报别人的心。

第七章

学识做支点，足以撬动整个世界——
学习让你不断超越自我

学习，是一个人不断完善和发展自我的必由之路，只有不断地学习，才能获得知识，才能在未来的生活中过得幸福快乐，才能从平庸到优秀，成就更好的自己！

青春期是每一个孩子最宝贵的时光，在这最美好的年华里，编织着人生的梦想，描绘着人生的蓝图。而要实现这一切，学习是最有效的通道。

学习要积跬步，方能至千里

> 无论什么事，如果不断收集材料，积之十年，总可成一学者。
>
> ——鲁迅

积累是花朵绽放前的阳光雨露，是秋日收获前的辛勤耕耘，是大海波涛澎湃前的涓涓细流。荀子是战国时期著名的思想家、教育家，他在《劝学》中说过这样一句话："不积跬步，无以至千里。"这句话告诫我们学习要不断积累，才能成为一个真正有学识的人。

杰克·伦敦是美国著名的小说家。年少时的他经常把词典和书里的词句抄在小小的卡片上，然后把这些卡片挂在衣架、窗帘、橱柜上，甚至有时塞在镜子的缝隙中，使自己在穿衣、睡觉前后、洗脸的时候都能学习。有时，他外出散步、拜访亲友时都随身带着这些卡片，并在空闲时间拿出来读一读、记一记。经过这样不断地记忆和背诵，他掌握了大量的词语，于是写起文章来就很得心应手了。

杰克·伦敦就是靠点滴积累成功的，他一生共创作了约50部作品，是美国批判现实主义作家，人们称他为"美国无产阶级文学之父"，甚至誉他为"美国的马克思"。

俄国著名作家果戈理就有随身携带一个本子的习惯，目的是随时记录自己所观察到的事情。除了眼睛看到的，还有耳闻的各种有意义的话语。在这些记录中，天文地理、花鸟鱼虫无所不有，既有多种动植物的名称和它们展示给他、并能拨动心弦的特殊之处，也有挂在捕鱼狩猎者口头的俗语和朴实但耐人寻味的语言，同时还记录了他对人生、社会的一些深入思考。

这些记录为果戈理的文学写作积累了大量的有用的素材，使他成功地进行了许多的文学创作。他曾经不无得意地把自己心爱的笔记簿称为"手头的百科辞典"。

这些名人学者的经历都证明了"知识在于积累"这句真理。我国汉代思想家、教育家董仲舒说："聚少成多，积小致巨。"南宋理学家、思想家朱熹说："得寸则守其寸，得尺则守其尺。如是久之，日滋月益，然后道之全体，乃有所向望而渐可识，有所循习而渐可能。"古人的这些思想都说明了知识积累的重要性。当然，即使到了今天，积累仍然是学习的必经之路。

因此，青少年要想成才，就必须注重对知识的积累，这样一点一滴，积少成多，使自己具有了坚实的知识基础，才能为将来的成才铺平道路。

那么，青少年如何积累知识呢？

1. 多记录

或许有的人会有这样的感触，总觉得平时有大量的阅读，也收集整理了大量的信息资料，但一旦用时总是捉襟见肘。其实，大量阅读并不一定都是有效阅读，他们没有处理好大量阅读与点滴积累的关系。因此，在阅读的过程中，时不时地记录你认为有用的知识很重要。

2. 多思考

除了多记录外，你还应养成善于思考的习惯。当你经常考虑某个问题时，在大脑高度集中的情况下，往往会百思不得其解。然而，在另外一个环境下，当大脑处于半休息状态，或受到其他事物的启发时，某种新的思想或思路常常会在脑子里突然显现出来。这时候就需要你拿出本子并及时把它记下来。

积累不是"杂货铺"，在你积累各种知识时一定不要把错误的知识也积累起来，而应懂得有选择地积累。积累对青少年的成才起着不可忽视的作用，愿每一个立志成才的青少年，从现在做起一点一滴地积累成功的素材吧。

劳逸结合，学习才更有效率

> 大脑应得到休息，这样你才能进入更好的思维状态。
>
> ——菲得洛斯

一位心理学家做过这样的实验。

第一天，他让A班的学生上完第一节课后，带所有学生到院子里做游戏，让学生能够充分地休息；第二节课，他又在这个班级中做了一个测验，从测验结果中得出，学生掌握第一节课所学内容平均得分为56分，而且第二节课学生的情绪饱满。第二天，他到B班做了同样的测试，但不同的是，课间休息和游戏的时间取消了，测试结果平均成绩为26分，测验后继续讲课，学生表现得无精打采、精力不集中。

这个实验说明，如果我们一直让大脑保持高速运转，不间断地学习，大脑和身体就会变得疲惫不堪。这种疲惫会让思维反应变

慢，身体也会发出抗议。即使精神坚韧，恐怕学习效率也很难提高
上去。接下来的小故事体现的正是这个道理。

　　一个新来的马戏团想在当地的小镇招临时工做杂务。干1个小
时可得一张外场的票，干6个小时可进入内场，干一整天就能得到
最前排位置的票。

　　两个兄弟想要最前排的票，于是从太阳升起到太阳落下，他们
不停地干活，虽然很累，但想到能在最前排看马戏就充满了力量。
到了晚上，两个兄弟在付出一整天的劳动后终于得到了他们要的
票。他们筋疲力尽地坐在前排，满身尘土，手上还起了豆大的水
泡。主持人出场的时候，大家都热烈地鼓掌，而他们却在掌声中不
知不觉地睡着了。

　　故事中的两个兄弟为了得到最前排的票，努力工作一整天，到
了晚上身体和大脑都很疲惫，以至于错过了马戏团精彩的表演。青
少年学习也是同样的道理，因此，学习时要做到劳逸结合。休息是为
了让你的身体更好地恢复元气，养足了精神才能更有效率地去学习。

　　也许你会想，世界上很多成功人士忙碌起来废寝忘食，他们是
怎样做到那么多事情的呢？实际上，他们之所以能一直保持这种忙
碌的状态，是因为他们会休息、看重休息。

　　英国前首相丘吉尔由于政务繁忙，每天晚上只能睡四五个小
时。他能始终保证自己充沛的精力，秘诀就是从来不会到筋疲力尽

的时候才去休息，并且在每天中午的时间休息一个小时，以保证自己的大脑不连轴转。

　　还有伟大的哲学家马克思，他也并不是长年累月地工作。当他感觉累的时候，就会和女儿做做数学游戏，或阅读自己最喜欢的文学作品，让自己的大脑从严肃的哲学问题上暂时解放出来。

　　又如，俄国作家列夫·托尔斯泰，他在写作过程中感觉累的时候，就会停下手中的笔，通过做体育运动来进行休息，如骑马、体操等。身体得到了锻炼，大脑也得到了休息。

　　通过了解这些名人工作与休息的经历，我们更应懂得学习时劳逸结合的重要意义。竞争社会应讲求学习效率，而不是把时间用到极致，要给自己留一点休息的时间，享受片刻的宁静，恢复清醒的大脑，才能更好地继续往下学习。

　　在学校里，每两节课之间都有10分钟的休息时间，青少年要好好利用这个时间，站起来活动活动，或做眼保健操，让眼睛和大脑放松一下。但最好不要再继续学习，否则大脑将会一直处在高强度的运转中，难以得到休息和放松，影响接下来课程的学习效率。在家里，也要合理安排时间，既有学习的时间又有休息的时间，但要注意休息的时间不要过长，10多分钟就足够了。

全神贯注，才能学得更好

> 一个人不能骑两匹马，骑上这匹，就会丢掉那匹。聪明人会把凡是分散精神的要求置之度外，只专心致志地学一门，学一门就要把它学好。
>
> ——歌德

学习是一项需要良好专注力的活动，只有全神贯注，才能学得更好。青少年朋友，可以回忆一下自己的学习状态，在上课时、自习时，你是否做到了全神贯注地去学习呢？

我们都很熟悉这个实验：在阳光明媚的日子，把一张纸放在阳光下，即便是晒上一整天，这张纸也没有什么明显的变化。但如果你拿来一个放大镜，用放大镜将太阳光聚焦到纸上，过不了一会儿，最亮光点处的纸就开始冒烟，进而燃烧起来。

这个实验说明如果将能量都聚集在一起，就可以产生很大的效果。任何事情都一样，包括学习。宋朝大理学家朱熹说过："读书有三到，谓心到、眼到、口到。"三到之中，心到最为重要。心到，就是集中注意力。可见，善于集中注意力，是高效学习的重要途径。

古时候有个名叫秋的棋手，由于他的棋下得好，当地人都称他为弈秋。弈秋收了两个徒弟，他每天尽心尽力教导他们，想把自己高超的棋艺倾囊相授。但这两个徒弟完全不一样。

其中一个徒弟生性踏实认真。他谦虚好学，非常专注，把全部心思都放在下棋上，认真思索老师所做的每一步安排，仔细品味老师的每一句言谈。所以，他极为准确地领悟了老师下棋的精髓，棋艺进步飞快，连老师都为之惊叹。

另一个徒弟正好相反。他虽然天天跟在老师身边学习，但老师讲解下棋要领的时候，他的眼睛虽然是在盯着棋子，可心思却被空中的大雁占据，恨不得马上搭弓射箭，射下一只。结果，老师的讲解他一句也没听进去。日复一日，年复一年，棋艺依旧拙劣不堪，连一丝一毫的进步都没有。老师对他极为失望。这两个徒弟，一个成了棋艺高超的名手，另一个一无所获。

弈秋两个徒弟的最终命运完全不同，其根本原因在于：一个全神贯注地学习，一个三心二意地学习。这个故事告诉我们一个道理：如果不全神贯注地做事情，将一无所成。学习能否取得成功，就在于我们对待学习的态度。能够一心一意地学习自然会有所收获，而如果三心二意则难以取得成效。

居里夫人说过这样一句话："当你有一个伟大目标并专注付出

时，你就会把工作当作休息。"的确，只要我们专注为目标奋斗，持之以恒，即使是茫茫的黑夜，也不致迷失方向。相反，如果我们在学习上不专注，那么我们将永远不会成功。那么，青少年应如何在学习中做到全神贯注呢？

课堂的学习是一项集体活动。课堂中，如果有的同学上课聊天，或搞些小动作，你应当克制住自己，把思维全部放到老师的讲课中，不要被他人影响。如果有的同学在上课时主动和你聊天，你也不应被动继续对方的话题，而应提醒对方要好好听老师讲课。

然而，在学校学习和在家学习的气氛是完全不同的。在家学习虽然没有其他同学的干扰，但为了保证在家能专注学习，就应剔除其他干扰。比如，书桌上只留下与学习有关的东西，包括书本、作业本、草稿纸、文具、工具书等，其他东西统统清理；最重要的是，让自己置身于一个安静的环境，这样才能保证学习的专注。另外，也要告诉爸爸妈妈，在自己学习时先不要进门打扰，如果不是特殊原因，最好先暂停可以制造响声的活动。

总之，青少年要记住，全神贯注是做好所有事情的通用法宝。所以，要想取得好成绩，就收回你的心思，一心一意、专心致志地学习吧。

三人行，必有我师：学习一定要谦逊

> 一种美德的幼芽、蓓蕾，这是最宝贵的美德，是一切道
> 德之母，这就是谦逊；有了这种美德我们会其乐无穷。
>
> ——加尔多斯

无花果树的结果方式很奇特，没有太多征兆，仿佛突然间就长满了，而且果实没有一个是虚空的。更奇特的是，它的果实从来不会遭虫蛀，没有一颗果子是坏的。不仅如此，它的果实还有一种奇特又经济的药效，用它们熬汤饮用，能医治痢疾。但它又是最谦逊的，不像桃李那样，将美丽的花朵高高开在枝头向人们炫耀，它只是默默无闻地奉献。其实，人也一样，要始终保持一份谦逊的态度。

孔子说："三人行，必有我师焉。"意思是说，每个人都有值得其他人学习的优点，每个人也都有可能在某一方面成为其他人的老师。所以，青少年学习要有谦逊的态度，沾沾自喜只会让自己止步不前。

扁鹊是春秋战国时期的一代名医。青年时他在管理客馆时结拜

了名医长桑君。后得到长桑君的真传，他虚心好学，刻苦钻研医术。学成后，长期在民间行医，为平民解除痛苦，足迹遍及当时的齐、赵、卫、郑、秦诸国。

有一次，在巡诊齐国的时候，齐国国君要封扁鹊为"天下第一神医"。扁鹊听后坚决不肯接受，并说自己并不是天下第一神医，自己的两个哥哥医术都比他高明。

齐国国君听后不解地问："既然你两个哥哥的医术都比你高，为什么你最出名呢？"

扁鹊答道："我二哥能够治大病于小恙，在那些重大疾病只出现微小症状之时，就及时加以根治了。所以在外人看来，他并不会治大病。"

齐国国君继续问："那你大哥的医术呢？"

扁鹊答道："我大哥的医术更加出神入化，能够防病于未然，只要看人一眼就可以判断出此人得了什么毛病，然后在他得病之前就及时治疗，所以也被人认为不会治病。"

扁鹊继续说道："我既不能治大病于小恙，又不能防病于未然，等到我妙手回春时，病人已经病入膏肓了，所以我的两个没有名气的哥哥才是神医，而我也只算得上是名满天下的名医罢了。"

扁鹊医术高明、名声大，在回答齐国国君时，认为自己不如两个哥哥。其实，并不是扁鹊真的不如两个哥哥，而是他懂得谦逊，他知道自己的医术还有很多地方需要不断学习和进步。

青少年要像扁鹊一样，将"谦逊"二字牢记在心里，只有这样，你才能真正学到更多知识。在这个世界上，没有哪个人是什么都懂得的。如果一个人的学识丰富，但不懂得谦逊，自以为是，那么他最后什么也学不到。在学习的过程中，青少年要勇于承认自己的缺点和局限，多向优秀同学、知识渊博的老师学习，并能够虚心接受别人的建议。

有一次，法国著名画家贝罗尼到瑞士去度假，但是他每天仍旧背着画架到各地去写生。一天，贝罗尼在日内瓦湖边正专心致志地画画时，旁边来了三位英国女游客。她们看了看他的画，便开始指手画脚地批评起来，但贝罗尼并没有因此而生气，而是一一修改了起来，修改完后还对她们能够提出建议表示了感谢。

第二天，贝罗尼要到另一个地方写生去，突然看到昨天那三位英国女游客正在交头接耳地议论些什么。过了一会儿，那三个英国女游客看到了他，便朝着他走过来，问："您好先生，听说法国著名画家贝罗尼正在这个地方度假，我们想去拜访拜访他。请问您是否知道他现在在哪个地方呢？"随后，贝罗尼朝她们微微弯腰，回答说："不敢当，我就是贝罗尼。"三位英国女游客大吃一惊，想到昨天的不礼貌，她们的脸立刻红了起来。

贝罗尼已是法国著名画家，但在面对陌生人提出的各种建议时，态度上仍能表现得很谦虚，他希望自己能够精益求精，更上一层楼。这也正说明了一个道理："好自夸的人没本事，有本事的人不自夸"。经常吹嘘自己的人往往学识肤浅，而那些谦逊的人大多有真才实学。所以，青少年学习要时刻保持谦虚的态度，这样才能学习他人的长处，进而成为他人的老师。

勤能补拙是良训，一分辛劳一分才

> 聪明出自勤奋，天才在于积累。
>
> ——华罗庚

"业精于勤，荒于嬉"，这句话出自韩愈的《进学解》，意思是说，学业由于勤奋而精通，却能荒废在游戏玩耍中。因此，青少年学习一定要勤奋。

自古以来，多少仁人志士因为勤奋学习而成才，并留下许多千古佳话，如"囊萤映雪""悬梁刺股""凿壁偷光"等。

汉朝时期，少年时的匡衡非常勤奋好学。但因为家里很穷困，所以他在白天的时候要干很多活，以维持生活。只有到了晚上，他才有时间安心读书。不过，他没钱买蜡烛，天一黑，就无法读书了，匡衡因此非常痛苦。

他的邻居家中很富有，一到晚上每间屋子都会点亮蜡烛，把屋子照得通亮。一天，匡衡鼓起勇气，对邻居说："我没钱买蜡烛，晚上又想读书，请问可不可以用你们家的一寸之地呢？"瞧不起穷人的邻居听后，挖苦他说："买不起蜡烛，还要读什么书呢！"匡衡听后很气愤，他从此下定决心，一定要好好读书。

回到家中，匡衡悄悄在墙壁上凿了个小洞，于是邻居家的烛光就从小洞口透过来了。每天他借着这微弱的光线，认真地读起书来，最后把家里的书都读完了。但匡衡知道自己所掌握的知识是远远不够的，他想再多看一些其他的书。

附近有个大户人家，有很多藏书。一天，匡衡卷着铺盖出现在大户人家门前。他对主人说："请您收留我，我给您家里白干活，不要报酬，只希望您让我把您家中的全部书籍都阅读一遍就可以了。"主人被他的精神打动，答应了他的要求。

匡衡就是这样勤奋学习的，后来他做了汉元帝的丞相，成为西汉时期有名的学者。

匡衡勤奋好学的故事告诉我们，外界条件不是制约一个人成功的决定性因素，关键在于在学习上你是否做到了勤奋好学。爱因斯坦说："在天才与勤奋之间，我毫不迟疑地选择勤奋，她几乎是世界上一切成就的催产婆。"事实上，一个勤奋的人，他能够取得的成就必然比其他人要多。

有一次，一个报社记者采访诺贝尔奖得主丁肇中，问道："美国大学要读4年，研究生院要读5~6年，才能取得博士学位，据说您只用了5年左右的时间，是吗？"

丁肇中回答说："确实是这样，在那样困难的逆境中读书，就得用功。"

记者又问："您取得成功的秘诀是什么？"

丁肇中说："成功的秘诀只有三个字：勤、智、趣。"

中学时代的丁肇中就是一个以勤奋学习而出名的学生。读大学后，无论是在哪里，勤奋精神一直伴随着他。居里夫人说："懒惰和愚蠢在一起，勤奋和成功在一起，消沉和失败在一起，毅力和顺利在一起。"丁肇中选择与勤奋在一起，那么成功自然也会选择与他在一起。

事实上，很多获得举世瞩目的巨大成功的人通常并不是才华横溢的天才人物，而是那些资质平凡却又异常勤奋、埋头苦干的人。

有一位演讲家，他的口才非常好，每一次演讲都能吸引很多听众。但他在年少时却有口吃的毛病，因此大家经常嘲笑他。为了纠正自己的这一缺点，他每天坚持练习说话，有时还跑到山顶上，嘴里含着小石子来训练自己的发音。经过自己勤奋不懈的努力，他改掉了口吃的毛病，而且说话流畅悦耳，最终实现了做演讲家的梦想。

青少年要认识到，一个勤奋的人即使一开始没有表现出惊人的天赋和过人的才华，甚至自身有缺点，但是只要能够踏踏实实、坚持不懈，最终将比那些浅尝辄止的天才取得更大的成绩。

珍惜学习的时光，合理利用每一分钟

> 世界上最快而又最慢，最长而又最短，最平凡而又最珍
> 贵，最容易被人忽视，而又最令人后悔的就是时间。
>
> ——高尔基

世上只有一样东西最无情，一旦它开启了运动模式，便没有停下来、倒回去的可能，只有一路向前。这样东西就是时间。时间对每个人来说都是平等的，只有珍惜时间的人才会获得成功，而浪费时间的人会一无所获。

明代诗人文嘉在《今日诗》中写道："今日复今日，今日何其少！今日又不为，此事何时了？人生百年几今日，今日不为真可惜！若言姑待明朝至，明朝又有明朝事。为君聊赋今日诗，努力请从今日始。"诗人文嘉以通俗流畅的语言、简单的句子劝勉人们要珍惜时间，不要荒废光阴。

汉乐府《长歌行》中有这样的诗句："百川东到海，何时复西归？少壮不努力，老大徒伤悲。"晋朝陶渊明也有惜时诗："盛年不

重来，一日难再晨。及时当勉励，岁月不待人。"唐朝王贞白《白鹿洞》诗中更有"一寸光阴一寸金"的妙喻。而青少年时期是大脑学习的最佳时期，也是最能全身心投入学习的时期，正所谓"年少正是读书时"，所以好好利用这青春年华吧。

12岁的鲁迅在绍兴城读私塾时，父亲正患有重病，两个弟弟又还小，因此，当时鲁迅不仅经常跑当铺、药店，还帮助母亲做家里的一些零活。为避免影响学业，他必须做好精确的时间安排，合理利用每一分钟。鲁迅读书的兴趣十分广泛，且喜欢写作，爱好民间艺术，特别是传说、绘画等；正因为他广泛涉猎，多方面学习，所以他非常珍惜时间。他说过："时间就像海绵里的水，只要愿挤，总还是有的。"

正因为年少时的鲁迅珍惜学习时间、不断学习和钻研，才成了伟大的文学家、思想家。这是值得我们青少年向鲁迅先生学习的。其实，许多伟大名人的成功都是在珍惜时间的基础上不断学习得来的。比如，巴尔扎克在20年的写作生涯中，写出了90多部作品，塑造了2000多个不同类型的人物形象，其中许多作品成了世界名著。他写作的时间表是：从半夜到中午写作，也就是说，他在椅子上坐12个小时努力创作和修改，然后中午到下午4点校对校样，5点钟用餐，5点30分才上床休息，而到半夜又起床写作。

本杰明·富兰克林曾说："世界上真不知道有多少可以建功立业

的人，只因为把难得的时间轻轻放过而默默无闻。"许多人原本可以很快做完的事情，却要在不紧不慢中耗费大量的时间，这种磨磨蹭蹭的习惯严重地浪费着青少年学习的时间。然而，时间是禁不起浪费的，尤其是在面临决定人生方向的大型考试时，学习时间紧张得连一分一秒都不容错过。

其实，青少年要想做到不浪费时间，合理利用每一分钟并不难。你可以从学习制订计划表开始做起。计划表的原理就是对时间的统筹安排，可以制订一天的计划，将一天内各个阶段的时间安排都记录在计划表中，也可以制订专门的学习计划，更合理地安排学习的时间，以保证每个时间段都能学到一些知识。

值得提醒的是，时间表的拟定要根据自己的习惯和特点。比如，习惯早睡早起的青少年，可以安排早晨背东西，不仅记得牢，理解力也好。相反，习惯晚睡的青少年则可以在入睡前记忆知识，同样能取得好效果。

学习无趣，是因为你未尝到"学习之乐"

> 学问必须合乎自己的兴趣，方才可以得益。
>
> ——莎士比亚

兴趣是一个人认识某种事物或从事某种活动的心理倾向，它是以认识和探索外界事物的需要为基础的，是推动人认识事物、探索真理的重要动机。当一个人对某个事物产生兴趣时，他会优先注意和积极地探索这个事物，并表现出心驰神往。

每个人总会有自己的兴趣，喜欢什么也就更愿意去接近什么，喜欢做某件事，那么遇到这样的事也会显得更主动。因此我们常说，兴趣是最好的老师。学习也是如此，当一个人对学习产生浓厚的兴趣时，他会更投入地去学习，也会更容易体会到学习过程中的乐趣。

陈景润是我国著名的数学家，他在攻克哥德巴赫猜想方面做出了重大贡献，创立了著名的"陈氏定理"，被人们称为"数学王子"。而促使他走上数学道路的正是他对数学的兴趣。

1937年，勤奋的陈景润考上了福州英华书院。当时，清华大学航空工程系主任、留英博士沈元教授回福建奔丧，几所大学得知沈元教授就在福建，都想邀请他去讲学，但他都拒绝了。沈元教授是福州英华书院的校友，为了报答母校，他来到了这所中学讲授数学课。

一天，沈元教授给大家讲了一个故事，大意是200年前有个法国人发现了一个有趣的现象：6=3+3，8=5+3，10=5+5，12=5+7，28=5+23，100=11+89……每个大于4的偶数都可以表示为两个奇数之和。现象归现象，因此也只是一个猜想。

数学的美妙与神奇，让陈景润听得入神。同时，他对那个有趣的数列现象也产生了浓厚的兴趣。课余时间里，他经常到图书馆研究数学方面的有关知识，从中学到大学的数学书籍几乎被他如饥似渴地阅读完了。因此，他获得了"书呆子"的雅号。

正是案例中的一个数学故事，引发了陈景润对数学的兴趣。兴趣牵引着他勤奋学习、刻苦钻研，使他在数学方面做出了诸多重大贡献。日本教育家木村久一说："天才就是对兴趣顽强地入迷。"兴趣引领着人们付出努力。

又如，德国作曲家亨德尔5岁的时候就被音乐强烈吸引，就算父亲反对他学习音乐，他也坚决不放弃。甚至在兴趣的驱使下，他半夜不睡觉，偷偷跑到屋顶去练琴。还有我国著名作家冰心，从认字开始就对书产生了很大的兴趣，甚至到了入迷的程度。一次，因为洗澡看书使热水都凉了，母亲生气地抢过去，把书撕掉，用力地扔在地上，可冰心竟然走过去捡起已破烂的书又认真读了起来。

由此可见，学习一定要找到自己的兴趣。也许，一些人并不清楚自己的兴趣所在，在学习的道路上就像一个无头苍蝇，到处乱撞，结果永远都飞不出一个屋子，因为走的都是弯路。这样的经历就曾发生在诺贝尔奖获得者毕晓普的身上，他在学习初期由于不明确自己的兴趣所在而遭受了很多的挫折。因此，青少年要找准自己的兴趣，然后树立目标并为之付出心血。那么，如何才能找到自己真正的兴趣呢？或许你可以从下面这几个方面入手。

1. 增加知识储备是培养兴趣的基础

知识是兴趣产生的基础条件，因而青少年要培养自己的学习兴趣，增加知识的储备。比如，要想培养写诗的兴趣，应先接触一些诗歌作品，体验一下诗歌美的意境，了解诗的写作技能等，这样就可能引发你对诗歌写作的兴趣。

2. 尝试不同的事，找到你的兴趣

你可以找到那些你愿意做的事情，如学习数学、朗读英语等各种不同的事情。如果你能情不自禁地坚持两周并保持热情，那么这些方面可能就是你的兴趣所在。

3. 从有趣的方面入手，延伸到学习上的兴趣

如果你对所学课本提不起兴趣，不妨先从一些有意思的书开始读起，如短篇的幽默故事或是经典小说。在读书的同时，用心感受书中的人和事，体会其中的道理，甚至是研究作者的写作手法，这样一来学习的乐趣就多了。

温故而知新，取得好成绩的法宝

温故而知新，可以为师矣。

——孔子

温故是学习新知的重要过程，这个过程可以保证我们既能加固已学会的知识，又能查找存在漏洞的地方，帮助我们及时弥补漏洞，从而避免考试时因漏洞而影响成绩。而且通过复习，我们可以把以前学过的知识重新学习一遍，增强对这些知识的长期记忆。

有的人会认为，学习的时候都已经掌握了，以后再学一遍等于浪费时间。其实不然，我们可以先来读一读下面的故事。

美国橄榄球队中有一名顶尖教练，叫史密斯·艾伦。他从事橄榄球教练已经有30多年了，在职业生涯中，他所带的团队曾保持了62场的冠军，一度创下美国橄榄球史上的纪录。

然而就是这样一位教练，你或许想象不到是什么让他能够带出如此出色的球队。在他退役后，有记者对他进行了采访，询问了他是如何取得这惊人的成绩的。

史密斯·艾伦说："其实，我制胜的诀窍很简单，就是让球员及时进行技术上的巩固和弥补。因为我发现大部分球队在赛完球之后就休息，假设他们是星期天比赛，星期一就放假休息一天，这样效果很不理想。"

他接着说道："后来，我就决定在比赛当晚，也就是比赛结束回去，让球员们看比赛现场的录像，分析哪里发挥得比较好，哪里被敌人防守得比较死，仔细分析挫败的关键在什么地方。因为比赛刚结束不久时，球员们对比赛印象深刻，及时复习有利于提高球艺。"

一场球赛结束后需要及时进行技术分析，才能有所长进，学习又何尝不是如此？因此，青少年要重视知识的复习，不管是日常学习之后的复习，还是一段时间之后的阶段性复习，都应认真对待。

当然，复习不仅是一个巩固知识和技能的过程，同时也是一个发展我们能力的过程。通过复习可以加深我们对知识的理解和巩固，形成熟练的技巧，有助于知识和技能的广泛迁移。

同时，青少年在进行有效复习时，要注意以下几点内容。

1. 复习要及时

心理学的研究表明，记忆是有规律可循的，如果学过的知识不加以复习就会忘记，过一天会忘记一半以上，经过两天就会忘记2/3左右，以后遗忘的数量会逐渐减少。因此，在学习新知识后，必须及时进行复习，也就是要趁热打铁地把知识巩固起来。

2. 复习形式要多样化

单调的复习方法会使人疲劳，而多样化的复习方法可以让人感到轻松、愉快。比如，记忆公式、数学典型题等，可以对其进行整理，将其纳入前后所学的知识联系中，使知识系统化；再如背诵课文，可以结合拟提纲，或者口头进行填空、自问自答等形式，这样还可以加深对课文的理解。

3. 复习要抓重点、难点

在对知识点进行复习的时候，应抓住重点、难点或疑点，因为抓住了这些点就等于抓住了问题的主干。比如，复习课文时，可以把重点词、每段的关键句、承上启下的过渡句等用醒目的颜色标上记号，抓住几个关键词句，也就抓住了整篇课文的内容。

复习时，也可以把重点、难点列出来，然后把复习成果用简练、形象的形式记录下来。等到考试复习时，再把笔记拿出来看看，这样就可以迅速达到已有的复习高度，减少不必要的重复学习，使复习一次次地深入。

第八章

朋友的质量，决定你生活的质量——
交际的正确打开方式

卡耐基说："一个成功者，专业知识所起的作用是15%，而交际能力却占85%。"放眼世界，我们不难发现，那些成功人士无不有着交际能力。因此，未来的社会需要青少年具有社会交往和活动的能力，唯有如此才能积极地适应各种环境，协调好自己与他人和集体的关系，勇敢地担起社会责任，乐观地对待人生。

多结交比自己优秀的人

> 将你同伴的行为告诉我，我就能告诉你，你是个怎么样的人。
>
> ——塞万提斯

孔子在《论语·里仁》中说道："见贤思齐焉，见不贤而内自省也。"意思是说，好的榜样对自己的震撼，驱使自己努力赶上；坏的榜样对自己的教益，要学会吸取教训，不要跟别人堕落下去。这句话在交际方面给我们的启示是，多结交比自己优秀的人，不断学习他们的优点和长处，你也会变得优秀起来。

有这样一则寓言故事。

一天，一个过路人在道路旁发现了一堆泥土，散发出芬芳的香味。过路人把泥土带回家，竟然满屋飘香。那个人疑惑不解，问泥土："你是珍宝，还是稀有的香料？"

泥土回答说："都不是，我只是一堆普通的泥土罢了。"

那个人又问："那你为什么有那样浓郁的香味呢？"

泥土笑了笑，答道："那是因为我曾经在玫瑰园里和玫瑰相处了一段时间。"

与玫瑰在一起久了，泥土也会沾到玫瑰花香。就如孔子说过的一句话："与善人居，如入芝兰之室，久而不闻其香，即与之化矣；与不善人居，如入鲍鱼之肆，久而不闻其臭，亦与之化矣。"意思是和善人在一起，如同进入养育芝兰的花房，时间一久自然就芬芳；和恶人在一起，如同进入卖鲍鱼的店铺，时间一久自然就腥臭。

"近朱者赤，近墨者黑。"我们一直持续受到他人的影响，这是很容易意识到的。和积极的人在一起，你不会消沉；和大度的人在一起，你便学会了大度和忍耐；和勤奋的人在一起，你不会懒惰；和友善的人在一起，你会学会慷慨与热爱生活。青少年要知道，你是否优秀，与你选择什么样的朋友有很大关系，要学习他们的思维和做事方式，从而获得成长和发展的机会。

有一位名叫阿瑟·华卡的美国农家少年，在杂志上偶然阅读了一些大实业家的故事，他很想知道得更详细些，并希望能得到他们的忠告。

后来，华卡跑到纽约，也不管几点开始办公，早上7点就来到了威廉·亚斯达的事务所。敲开第二个办公室后，华卡立刻认出了面前那位体格结实、长着一对浓眉的人是谁。

开始，高个子的亚斯达觉得这个少年有点讨厌，然而一听华卡开口，他就微笑起来。华卡问："我很想知道，怎样才能赚到百万美元？"于是，亚斯达与华卡俩人竟谈了一个钟头。之后亚斯达还建议他去拜访其他实业界的名人。

就这样，华卡按照亚斯达的建议，拜访了一流的商人、银行家及总编辑。在如何赚钱方面，他得到的忠告并不一定对他有帮助，但是能得到成功者的指导，极大地提升了他的自信。

华卡开始仿效他们成功的做法。过了两年，这个20岁的青年成了他做学徒时工作的那家工厂的所有者。24岁时，他是一家农业机械厂的总经理。为时不到5年，他就如愿以偿地拥有百万美元的财富了。

在实业界的67年中，华卡实践着他年少时来纽约学到的基本信条，即多结交比自己更优秀的人。经常和优秀的人往来，即使不是有意地嫁接别人的优点，也会在不知不觉中使自己提升到与他们相同的层次。青年朋友们，如果你能够不断学习他们的优点，驱策自己不断地向那些优秀的人靠近，那么有朝一日你也会跨入优秀人物的行列中。

作家路德·杜德利曾说："在文学上，我总是只与我认为很不错的老朋友交往，我的朋友是经过我长期选择的，和我的朋友们在一起，我总能从他们身上发现值得我学习的东西，于是，我变得越来越崇高，创作的愿望也越来越强烈。我总能从我的朋友那里得到'益处'，他们十有八九都是这样。"

　　其实，结交优秀的人，就是一个受熏陶的过程；结交优秀的人，你才不会盲目自大，才能按照一个正确的方向去发展；结交优秀的人，可以将他们当作一面镜子，你可以从中发现自己的不足，以及自己的优势，这样才有可能更好地认清自己，弥补不足；结交优秀的人，他们会教给你更多的东西，你可以少走弯路。

　　对青少年来说，尤其需要建立良好的、高层次的人际关系，多结交比自己优秀的人，这样你会对自己有更高的要求。久而久之，在这种积极的人际交往中，你会变得越来越优秀。

信任是结交挚友的黄金法则

> 信任是友谊的重要空气，这种空气减少多少，友谊就会相应消失多少。
>
> ——约瑟夫·鲁

在人际交往中，信任是结交好友的黄金法则。信任是人们交往和合作的前提，也是社会得以有秩序、和谐运转的前提。因此，青少年要知道，信任是一缕阳光，可以温暖他人的心灵。

我们先看下面的小故事。

在外出修路的过程中，一个劳改犯捡到了500元钱，他不假思索地把它交给了监管警察。可是，监管警察轻蔑地对他说："少给我来这一套，你拿自己的钱变着花样贿赂我，想换得减刑，你们这些人就是不老实。"

劳改犯万念俱灰，心想这个世界上再也不会有人相信他了。那天晚上，他越狱了。

在逃跑的途中，他大肆抢劫钱财，准备外逃。在抢到足够的钱财后，他坐上了开往边境的火车。火车上很挤，他只好站在厕所旁边。这时，有一位非常漂亮的姑娘走进厕所，关门时却发现厕所门锁坏了。她走出来，轻声对他说："先生，您能为我把门吗？"

他愣了一下，看着姑娘纯洁无瑕的眼神，点点头。姑娘红着脸进了厕所，而他像一个忠诚的卫士一样，严严地守着门。而就在这一刻，他突然改变了主意。他决定在下一站下车，到派出所去自首。

读完这个小故事，我们可以感受到，信任可以使一个人产生一种强大的力量。信任是一种弥足珍贵的东西，没有人能够用金钱买得到，也没有人可以用利诱和武力争取到。青少年应该学会做一个值得他人信任的人，更应该学会信任他人。学习中的信任，可以让一个人积极向上；生活中的信任，可以鼓励一个人向乐观出发；社会中的信任，可以激励一个人向成功迈进。

那么，青少年如何做一个值得他人信任的人呢？

1. 学会倾听

对方在说话时要认真倾听，并做出一定的回应。比如，重复对方说的话，以点头表示赞同等，都可以作为很好的回应。

2. 学会分享自己的经历

倾听他人时，应向对方倾诉自己的经历。朋友之间要相互了解，相互沟通，分享经验和教训。

3. 学会安慰别人

在对方伤心难过的时候，要懂得安慰和鼓励对方。用一颗真诚的心去关心对方，这样别人就会记住你的好。

4. 学会表达

学会表达，将信任对方的话讲出来，让对方知道你信任他。信任是相互的，你信任对方，对方也就会信任你。

5. 不要在背后说别人的坏话

有问题可以当面指出来，有错误也可以委婉地提出来，但是千万不要在背地里说别人的坏话。也不要跟他人谈论别人的是非。

另外，青少年要注意的是，千万不要盲目地信任他人，尤其是对于陌生人。这需要青少年有辨别是非的能力，睁大双眼，辨别哪些是值得信任的人，哪些是不值得信任的人。

学会借力，寻求帮助不丢人

> 好风凭借力，送我上青云。
>
> ——曹雪芹

生活中，我们会遇到各种各样的问题，有些问题是我们能够解决的，有些问题是我们不能够解决的。当一个人不能独自解决问题时，我们要善于向他人借力，寻求帮助。或许，有的人会认为向他人寻求帮助是懒惰、能力不足的表现。事实上，并非如此。

借力不仅是一种能力，也是一种勇气，更是一种智慧。那些懂得借力发力的人，通常能够以小博大，以弱制强，以柔克刚，能够四两拨千斤，借他人之力为己所用，从而获得成功。

大英图书馆是世界上最大的学术图书馆之一，其建筑本身也是英国20世纪最大的公共建筑。当然，馆内的藏书也是非常丰富多样的。

有一次，大英图书馆要从旧馆搬到新馆去，但算下来的搬运费就要好几百万元，这个费用太贵了。正在大家一筹莫展时，有人给馆长提出了一个建议。于是，馆长在报纸上登了一则广告：从即日起，每个市民可以免费从大英图书馆借10本书。结果，没过几天，市民就把图书馆的书借光了。但如何还书呢？要求是将书还到新馆。

大英图书馆就这样"四两拨千斤"地搬了一次家。因此很多时候，当我们力不从心的时候，我们要善于借力而行。

三国时期，诸葛亮就是很善于借力的人。赤壁之战中，周瑜故意提出十天造十万支箭的要求，机智的诸葛亮一眼便识破这是一条害人之计，却淡定地表示"只需要三天"。后来，有大雾天帮忙，诸葛亮再利用曹操多疑的性格，调了几条草船诱敌，终于借足十万支箭，立下奇功。

有一个穷人在佛祖面前痛哭，诉说自己吃不饱、穿不暖，并埋怨道："这个社会太不公平了，富人每天悠闲，而穷人每天吃苦受累。"

佛祖问："你认为如何才算公平呢？"

穷人说："要让富人跟我一样穷，干一样的累活，如果富人还是富人，我就不再埋怨。"

佛祖说道："好吧！"

说完，佛祖把一位富人变成了和这位穷人一样穷，并给了他们每人一座煤山。他们可以卖掉挖出的煤赚钱买食物，只限一个月内挖光煤山。于是，穷人和富人便一起开挖。穷人习惯了干粗活，挖煤这种活对他来说就是小菜一碟，很快穷人挖了一车煤，卖掉换成了钱。平时富人没干过重活，挖一会儿停一会儿，累得满头大汗，到了傍晚才勉强挖了一车拉到集市上卖。

第二天，穷人一早就起来开始挖煤，而富人却去逛集市，并带回两个苦力来。就一上午，富人雇来的这两个苦力挖了好几车煤。后来，富人赚了钱又雇了几个穷人，一天算下来，他除了开工钱，剩下的钱要比穷人多好几倍。

很快，一个月的时间将要到来，穷人只挖了煤山一角，挣来的钱也基本没有富余。而富人不但挖光了煤山，还赚了不少钱。

这个故事，给我们的启示是，成功并不在于你能做多少事，而在于你能借多少人的力去做事。这也就是我们所说的"借力"。学会借力，就相当于找到了杠杆的着力点。正如犹太人的经典智慧书《塔木德》中所说，自己没有鞋穿的时候，可以借用别人的，那样会比赤脚跑得快。

因此，作为青少年，不要再抱怨自己的不足、运气不好、脑子不够聪明、资源缺乏等，只要你善于借助他人的力量，将来你定会成为强大的人。当然，青少年首先要充分发挥自己的特长，让自己的特长成为发展自我的亮点，然后善于借助老师、同学的力，学习他人的优点和长处，让自己不断进步。

总之，一个人的力量毕竟是有限的，有时候借用别人的力量，是为了在不完美的条件下，能够达成自己的心愿。假如我们是不会飞的花瓣，那借力就是等一场风来。我们要明白没有人是无所不能的，因此适当低头和示弱，反而会让自己轻松地通过人生中那些狭窄的洞口。竭尽全力固然好，只是不要忘记在埋头苦干的时候抬头看一眼周围，或许有可以利用的力量就在触手可及的地方。

善用赞美，你将处处受欢迎

> 人类本质中最殷切的需求是渴望得到他人的尊重和肯定。
>
> ——詹姆士

卡耐基曾经说："我们滋养我们的子女、朋友和员工的身体，却很少滋养他们的自尊心。我们供给他们牛肉和洋芋，培养他们的精力；但我们忘了给他们可以在记忆中回想好多年像晨星之音的称赞。"

正如卡耐基所说，每个人都有渴望别人赞美的心理期望。无论是咿呀学语的孩子，还是白发苍苍的老人，都希望获得来自社会或他人的适当赞美，从而让自己的自尊心和荣誉感获得满足。从社会心理学角度来说，赞美是一种有效的交往技巧，能缩短人与人之间的心理距离。可以说，喜欢被人赞美是人的一种天性。

一天，卡耐基去邮局寄挂号信。在他等待的时候，他发现这家邮局的办事员服务质量很差，态度也很不耐烦。于是，当卡耐基把信件递给他称重时，他便称赞办事员："真希望我也有你这样美丽的头发。"闻听此言，办事员惊讶地看了看卡耐基，露出微笑，接着便热情周到地为卡耐基服务起来。自那以后，卡耐基每次光临这家邮局时，这位办事员都笑脸相迎。

卡耐基真不愧是语言大师，在此情景下，竟能想出如此高妙的赞美语言，让那位面如冰霜的办事员立马改变了服务的态度。如果赞扬他工作热情，办事员肯定会认为这是卡耐基在挖苦、讽刺他；如果是批评他服务差，办事员很可能会服务更差。因此，我们要善于抓住别人的心理，不失时机地赞美对方，如此一来本来很糟糕的事情，反而会朝着积极的方向发展。

赞美是世界上最美好的声音，也是最好的礼物，成功的赞美能给他人带来愉悦，能使他人受到鼓舞。赞美是人际关系的润滑剂，能够约束人的行动，使人主动自觉地克服缺点，积极向上。赞美也是人们乐观面对生活所不可缺少的，是自我肯定的力量源泉。

心理学、哲学教授威廉·詹姆斯说过："人性最深刻的原则就是希望别人对自己加以赏识。"因此，在与人交往的过程中，青少年要善于发现他人的优点，然后用真诚大方的语气把你的赞美大胆地说出口。这不仅是对他人的一种肯定，还有利于增进彼此的感情，改善人际关系。

恰如其分的赞美能使人心情愉悦，但赞美过度则会适得其反。过度的赞美会有阿谀奉承之嫌，给人一种虚情假意的感受，这样的赞美会遭人嫌弃，更达不到赞美的实际效果。赞美就如吹气球，吹得太小，不会太好看；吹得太大，很容易爆炸。因此，青少年在赞美他人时一定要遵守以下几点基本原则。

1. 赞美一定要切合实际，而且要言之有物

比如，到别人家里做客时，与其不切实际地乱捧主人一场，不如赞美主人房间布置得别出心裁、阳台上的盆栽精致。若要取得朋友的喜爱，就尽量发现朋友身上的长处并加以发挥。

2. 赞美一定要及时

在谈话中对方流露出希望得到赞美的期待时，我们要及时地给予赞美。相反，在别人需要赞美，而我们没有及时给予时，事后补上是收不到效果的。

3. 赞美一定要发自内心

赞美对方的话一定要发自内心、真心实意，这样的赞美才能打动人心。虚伪、夸张、不切实际的语言让人无法接受，相反会让人觉得是一种敷衍、虚情假意。

与他人合作，发挥个人最大价值

> 人除了具有独立完成工作的能力外，更重要的是具有和他人共同完成工作的能力。
>
> ——利比特

什么是合作？合作就是人与人之间相互配合，共同完成一件事情。合作既是一种精神和态度，又是一种能力和修养。奥地利天才哲学家维特根斯坦说："天才并不是任何正派的人有更多的光，但是他有一个能聚焦光至燃点的特殊透镜。"他说的这个"特殊透镜"就是合作精神。

某家公司招聘员工，最后要从三位应聘人员中选出两位。公司招聘人员给出的题目是：假如你们三个人一起去沙漠探险，在回来的途中，车子抛锚了，你们还有很长的路要走，可是你们三个人只能从7样东西中选择4样带在身上。这7样东西分别是：镜子、刀、帐篷、水、火柴、绳子、指南针。而其中水只有一瓶矿泉水，帐篷只能住两个人。你们会如何选择呢？

甲男选择的物品是：刀、帐篷、水、火柴。应聘人员问道："你为什么第一个选择'刀'呢？"

甲男解释说："水只有一瓶，帐篷只能两个人睡，万一要争起来，我还可以让着点女生，但另一个男生要是为了争夺生存机会想害我呢？害人之心不可有，防人之心不可无。所以，我把刀拿到手，也就等于把所有主动权控制在了自己手中。"

而乙女和丙男选的四样物品相同：帐篷、水、火柴、绳子。

其中一人解释说："在沙漠里镜子没什么用，不选；刀也没有必要选，在这茫茫的沙漠里，哪会有生物，更别说是对人具有攻击性的动物了；指南针也不需要，有手表就可以了。"

这个人继续说道："虽然帐篷只能两个人睡，但是我们三个人可以轮换着休息；水是必需品，虽然只够两个人喝，但省着喝，三个人也够了；火柴也是路上必不可少的；在风沙很大的时候，绳子可以把我们三个人绑在一起，这样队伍就不会失散了，并且如果遇到沙崩，有同伴掉到沙堆底下，还可以用绳子把他拉回来。"丙男与乙女两个人的解释相同。

最后，三位应聘人员中获胜的是乙女和丙男。

上面的故事给我们的启示是，只有与人合作，才能发挥个人的最大价值，才能让整个团队一起渡过难关。"害人之心不可有，防人之心不可无"，这句话固然有道理，但在团队合作精神中却不适用。如果在紧急时刻，一些人把同伴当成假想敌，心里只想着自己，结果是可想而知的。

另外，"一根筷子轻轻被折断，十双筷子牢牢抱成团""一个篱笆三个桩，一个好汉三个帮"……这些都说明了合作的重要性。合作的力量之大要远远超乎人们的想象。而无论一个人有多优秀，如果离开了其他人的配合，就无法把自己的事情做好，更别说在未来的社会中立足了。社会中每个人都有自己的优点，都是不可取代的，但同时只有取长补短，相互合作，才能取得共同的成功。

那么，青少年应如何提高自己的合作能力呢？

1. 尊重他人，以诚相待

在与人交往的过程中，尊重没有高低之分、地位之差和资历之别，尊重只是一种平等的态度；诚实地对待他人，忌互相玩心眼，否则团队的力量就如一盘散沙。

2. 宽容他人，求同存异

在合作的过程中，成员之间难免会出现一些分歧，这时要做到珍惜合作机会，互相宽容对方。否则，矛盾就有可能越来越大，最终对谁都不利。

3. 要有责任感

负责不仅意味着对错误负责、对自己负责，更意味着对团队负责、对团队成员负责，并将这种负责精神落实到每一个行动中。

4. 坚持自己的个性

合作精神不是集体主义，不是泯灭个性，扼杀独立思考。在一个优秀的合作团队中，应鼓励和引导他人最大限度地发挥自己的能力。

5. 学会欣赏他人

"金无足赤，人无完人。"青少年与他人合作的时候，思维的点一定要放在别人的长处上，只有看到别人的长处，用欣赏的眼光去看待他人，才能很好地与之形成团结合作的精神。

6. 善于沟通，勤于沟通

沟通是保持团队旺盛生命力的必要条件。作为个体，要想在团队中获得优秀的表现，沟通是最基本的要求。

先尊重他人，你才会赢得尊重

> 不尊重对方的人，对方也不会尊重他。
>
> ——席勒

　　孟子有云："爱人者，人恒爱之；敬人者，人恒敬之。"这句话强调了尊重他人的重要性。一个人只有懂得尊重他人，才能够赢得他人的尊重。因此，青少年要知道，尊重他人是一个人走向文明的起点，是社会文明进步的要求，同时也是一种美德、一种境界。

　　一天，一位中年女士带着一个小男孩走进了一座豪华写字楼的花园里。这座写字楼是一个知名集团的总部，而这位中年女士是这个集团的一名主管。

　　由于孩子一直流鼻涕，她就拿出纸巾给孩子擦鼻涕，并且擦完鼻涕后随手将纸巾扔到了干净的地面上。

　　这时，一位头发花白、正在修剪花草的老人诧异地转过头，看了中年女士一眼，中年女士也满不在乎地看了他一眼。尔后，这位老人什么话也没有说，只是静静地走过去把纸捡起来放进了垃圾桶中。

当中年女士又一次地把一团纸仍在地上时，老人依然没说什么地就将它扔进了垃圾桶中，然后继续修剪花草。可是，老人刚拿起剪刀，中年女士又开始扔纸团……就这样，老人连续捡了好几次，但他并没有露出不满和厌烦的神色。

可这位中年女士指了指老人对孩子说："你看到了吧，我希望你明白，如果你不努力学习，长大后就会像那个人一样做这种肮脏的活，是会被人瞧不起的！"

老人放下手中的剪刀，走过来对中年女士说："这里是集团的私人花园，按照规定只有员工才能进来。请问你是公司的员工吗？"

"我是公司营销部的经理，就在这座大厦里工作。"中年女士自豪地说。

老人听了，拿出一个手机拨了一个电话，很快一名男子匆匆地走过来，恭恭敬敬地站在老人面前。老人对这名男子说："我现在提议免去这位女士在集团的职务。"

男子连声应道："是，我马上按照您的指示去办。"

最后，老人蹲下来，微笑着对男孩说："孩子，我希望你明白，在这个世界上最重要的是要懂得尊重你身边的每一个人！"说完，老人起身离开了。

中年女士惊呆了，她认识那名男子，他是集团的一名高级职员。她疑惑不解地问道："你……你怎么会对老人那么尊敬？"男子惊讶地回答道："他是公司总裁詹姆斯先生呀。"听后，中年女士瘫坐在长椅上。

案例中的中年女士戴着有色眼镜看人，不尊重修剪花草的老人，结果吃亏的却是她自己。一个人在与人交往中，如果能很好地尊重对方，那么他一定会得到对方百倍的尊重。

作为青少年，你要懂得任何人都没有理由以高人一等的目光去审视别人，也没有资格用不屑一顾的神情去伤害别人的自尊，假如自己在某些方面不如别人，你也不必以自卑或嫉妒去代替应有的自尊。只有学会尊重别人，才能赢得别人的尊重，这对你以后的人脉积累会有很大的帮助。

另外，真正的尊重其实是一种平等、不仰望、不俯瞰、不卑不亢。格局越大的人，越明白尊重意味着平等、价值、人格和修养。而格局小的人，往往自私、目光短浅，自以为是地站在道德制高点去指责别人。

那么，青少年应尊重对方的哪些方面呢？

1. 要尊重对方的隐私

每个人都有一个不想被他人知道的私密，或是一个不想被他人侵占的领域。因此，要尊重对方，就不要打破砂锅问到底，非要问出对方的心理秘密或是硬要踏入那个被人禁止进入的领域。

2. 要尊重对方的爱好

爱好是多样化的，大家的爱好各不相同，你不能因为自己爱好就强迫他人喜欢，也不能因为不理解他人的爱好而到处说别人的坏话。

3. 要尊重对方的职业

对于别人从事的职业，你要投去理解的目光，对于别人为自己付出的劳动，你要深情地道一声"谢谢"，这样才会使你的生活更加温馨、和谐。

总之，青少年要从小事做起，从身边事做起。在人际交往中应先学会尊重他人，这样你才会赢得更多的尊重。

懂得换位思考，做一个温暖有趣的人

要是火柴在你的口袋里燃烧起来，那你应该高兴，多亏你的口袋不是火药桶。要是你的手指扎了根刺，那你应该高兴，多亏这根刺不是扎在你的眼睛里。

——契诃夫

换位思考是设身处地地为他人着想，即想人所想，理解至上的一种处理人际关系的思考方式。世界著名的励志成功大师拿破仑·希尔聘请他的一位秘书时，就是因为对方懂得换位思考。

有一次，世界著名的励志成功大师拿破仑·希尔需要聘请一位秘书，于是在多家报刊上登载了一则广告。结果成百上千的应聘信件纷纷投来，但这些信件大都相似。比如，他们的第一句话几乎是一样的："看到您在报纸上招聘秘书的广告，我希望可以得到这个职位，我今年××岁，毕业于××学校……"拿破仑·希尔对此很失望，正想着放弃这次招聘计划时，一封信件姗姗来迟，让拿破仑·希尔惊喜不已，并认定秘书人选非她莫属。

　　她在信上说："敬启者：您所刊登的广告一定会引来成百乃至上千封求职信，而我相信您的工作一定特别繁忙，根本没有足够时间来认真阅读。因此，您只需轻轻拨一下这个电话，我很乐意过来帮助您整理信件，以节省您宝贵的时间。您丝毫不必怀疑我的工作能力与质量，因为我已经有十五年的秘书工作经验。"

　　之后，拿破仑·希尔说："懂得换位思考，能真正站在他人的立场上看待问题，考虑问题，并能切实帮助他人解决问题，这个世界就是你的。"

　　从以上的案例中我们可以看出，懂得换位思考不仅是处理人际关系的思考方式，还是成功具备的品质之一。我们每个人都有这样的体验：当你照镜子时，镜子里的你会随着你的喜怒哀乐而变化。同样的，在人际交往中，你对别人好，别人也会对你好。反过来，你对别人不好，别人也会对你不好。这就是镜子效应的真谛。

　　萨默斯是美国社会声名显赫的人物。28岁时他就获得哈佛大学哲学博士学位，从1983年到2001年期间，他任哈佛大学经济学教授，并且成为哈佛大学现代历史上最年轻的终身教授，在世界银行贷款委员会担任首席经济学家，在克林顿政府任第71任财政部长，在哈佛任校长。但是，一向喜欢信口开河的他，在哈佛大学曾不经意说了一句"女性先天不如男性"，这种被斥为"性别歧视"的论调，直接导致哈佛大学引爆了一场反萨默斯风潮。另外，由于他在学校管理方法方面也存在问题，导致他和同事的人际关系非常紧张。于是，哈佛学校的教职员工纷纷向萨默斯投下不信任票，在教职员工舆论的压力下，萨默斯不得不主动离职。

这种不能站在他人的立场上考虑问题的人，迟早会受到大家的排斥。只有那些懂得换位思考，从他人的角度考虑问题的人，才会获得良好的人际关系。

作为青少年，当你和同学发生矛盾时，你会怎样做呢？你是否会想"要是这件事发生在我身上会怎样？"或者做出实际行动，找那个同学谈一谈心呢？如果你真的这样想、这样做了，你与同学之间的矛盾就会更好地解决，从而会化解一些不必要的麻烦；或者，当你和父母之间发生矛盾时，你是否会想"如果我是爸爸或妈妈，我的想法或做法是什么呢？"换个方式考虑问题，或许你就能够理解父母的一些做法了。

总之，换位思考，既是一种理解，又是一种关爱。懂得换位思考的人，一定是一个温暖有趣的人。

分享与付出越多，收获就越多

如果你把快乐告诉一个朋友，你将得到两个快乐，而如果你把忧愁向一个朋友倾诉，你将被分掉一半忧愁。

——培根

有这样一个原则，叫跷跷板互惠原则，它是在与他人相处时不可缺少的交际原则。人与人之间的互动，就好像坐跷跷板一样，不能永远固定某一端高，另一端低，只有两端高低交错进行，如此整个过程才会玩得快乐。同样的，在人际交往中，应该多分享，多关心和帮助对方，并且保持对方的得大于失，这样才可维持、发展良好的群体关系。

杰克是一位会计师，他工作努力，并且告诉自己一定要精打细算，绝不能浪费公司的任何资源。无论大小事情，他也绝不让别人越雷池一步。他甚至还利用了一些手腕，把许多自己的同行压在自己底下，以确保自己的绝对地位。

慢慢地，杰克有了丰厚的收入和高高在上的地位。可是他并不快乐，他没有一个朋友，于是他越来越郁闷。最后，他得了轻微的忧郁症。

一次，他去看一位心理医生。医生了解了他的情况后，只写下了一句话："每天去帮助一个身旁的人。"并要求杰克按照他的要求去做，然后一个月后回来复诊。杰克读完这句话觉得莫名其妙，但他还是按照医生的嘱托去做了。

一个月后，杰克回到了心理医生的办公室，但这次他好像完全变了一个人。医生问："最近感觉如何呢？"杰克满脸笑容地回答说："您的方法太奇妙了。当我牺牲自己的时间、精力去帮助身边的同事时，对方也会反过来帮助我。当我和同事之间保持着良好的关系时，反而有一种说不出的欣喜。"

故事中杰克一开始在与人相处时，不懂得一丁点儿的分享与付出，最后他也收获不到一丁点儿的友谊和快乐。友谊是一种很美妙的东西，它可以让你在失落的时候变得高兴起来，可以让你走出苦海，去迎接新的人生。同时，它也是一种只有分享和付出了才可以得到的东西。这也正说明了上面说到的"跷跷板互惠原则"。

第九章

做正确的选择，正确地做选择——学会取舍让你收获更多

所谓取舍，就是善于在得与失之间做出正确的选择。取是本事，舍是学问。取舍有规则，取舍有技巧，取舍里面有门道。人的一生就是一个选择的过程，今天的放弃，正是为了明天的得到。因此，我们只要真正把握了取与舍的机理和尺度，便等于拿到了开启成功之门的钥匙。

你想过什么样的人生，选择很重要

> 在人生中最艰难的是选择。
>
> ——莫尔

选择，是我们人生当中非常重要的一门功课。生活中，我们的每一个选择，都在创造属于我们自己的人生。虽然我们无法预测最后的结果，但每一个当下的选择都在决定我们的未来。

人生的道路都是自己的选择。我们的友谊、我们想成为什么样的人以及我们的人生好坏都是选择的结果。方向永远比努力更重要，要谨慎选择人生的道路，因为我们的选择造就了未来某个时刻的自己。人生的道理很简单，选择什么，就会走什么样的道路。

俄国著名作家列夫·托尔斯泰写过一篇名为《两兄弟》的童话，讲了一个这样的故事。

两个兄弟一起出去旅游，到了中午走累了，他们就躺在林中休息，起身时发现身边有一块石头，上面刻着一段话："发现这块石头的人，请沿着日出的方向径直走进森林，那里有一条河，游过河到达对岸，你会看见一只母熊和几只小熊，请将小熊带走，然后头也不回地跑到山顶。在山顶上有一座房子，在那里，幸福在等着你。"

读完后，弟弟很兴奋，很想去。而哥哥却觉得这块石头上的话并不是真的，也许只是开玩笑。弟弟并不这么认为，他觉得那些话不是无缘无故地出现在石头上的，尝试一下并没有什么坏处；如果不试，他们什么也得不到，别人反而会捷足先登。

两个兄弟意见不一，谁也劝不动谁，索性分道扬镳。弟弟选择按照石头上说的去做，哥哥选择回家。

不久，弟弟达到了山顶，并受到了一群人的迎接，被拥戴为国王。他在这里做了五年的国王。到了第六年，比他更强大的邻国向他发动战争，城市被占领了，他也被放逐了。

弟弟成了流浪汉，有一次，弟弟来到了哥哥家门前，哥哥仍然住在那里，还是过着以前的日子。哥哥说："看来，我当初的决定是对的。我过得相当平顺，你看你虽然当上了国王，但是遭遇了很多苦难。"弟弟回答说："尽管我现在的境况不如你，但我拥有了丰富而神奇的回忆。因此，我对自己当初的选择并不后悔。"

故事中的两个兄弟在一块石头上看到一段话，哥哥和弟弟的意见不一。哥哥认为平平静静地生活更好，而弟弟则认为应该勇于尝试一下未尝不可。就这样，两个兄弟因选择不同，于是人生也就截然不同。读完故事，我们先不去评判两个兄弟到底谁的选择更好，这里只是告诉大家，一个人的选择决定了他的人生道路。

但是，从另一个方面来讲，选择是一个很重要的行为。只有选择对了，后续的奋斗才有意义。否则，如果一开始的选择就出现了问题，那么奋斗也只是徒劳，既耽误时间又耽误精力。比如，在将要考试时，你没有选择早读和晚自习，那么你的考试成绩肯定比不上那些用功的同学。慢慢地，你的学习成绩会越来越差。又如你在专业选择方面，没有选择自己感兴趣的专业，那么以后学习起来就没有动力，最后自然也学得不专。

因此，青少年在决定每一个选择时，一定要认真思考自己真正想要过的是什么样的人生，并下定决心努力为之奋斗。

学会放弃也是一种智慧

> 在人生的大风浪中，我们要学船长的样子，在狂风暴雨之下把笨重的货物扔掉，以减轻船的重量。
>
> ——巴尔扎克

　　放弃是一种境界，也是一种从容心态。学会放弃，你或许会得到更多。相反，失去得就越多。英国著名诗人雪莱说："如果你想凌空飞翔，又不舍得羽毛受一点损伤，过分珍爱羽毛，那么你将失去两只翅膀，永远无法飞上蓝天。"

　　在某些情况下，或许我们已经付出了最大的努力，但仍旧不能取得理想的结果。这就需要我们认真思考一下，并勇敢地选择放弃，另辟蹊径，没有必要在一条道路上一直走到黑。否则既会浪费自己的时间和精力，又会因达不到预想的目标而苦恼。

　　一天，穆迪科的父亲给孩子带来一则消息，某一知名跨国公司正在招聘员工，录用后薪水很丰厚，而且这家公司前途一片光明，有在多个国家畅销不衰的电子产品。

穆迪科很想马上去应聘，但在职校培训就快结束了，如果真的被聘用，一年的培训就算白费了，最后连张结业证书都拿不到。穆迪科用求助的眼神看着父亲。

父亲笑了笑，说："我们来做个游戏吧。"接着，父亲把刚买的两个大西瓜放在穆迪科面前，让他先抱起一个，然后，要他再抱起另一个。穆迪科想了很多办法，都没有把两个西瓜抱起来，他开始愁眉不展起来。

父亲叹了口气："哎，你之所以失败，是因为想同时抱起两个西瓜。你不能把手上的那个放下来吗？"穆迪科似乎缓过神来："爸爸，我懂了，放下一个，不就能抱上另一个了嘛！"穆迪科这么做了。于是，父亲提醒道："这两个总得放弃一个，才能获得另一个，就看你自己怎么选择了。"最终，穆迪科选择了应聘，放弃了培训。后来，他如愿以偿地成了那家跨国公司的职员。不到两年的时间，穆迪科就被提升为业务经理，事业一帆风顺。

穆迪科的成功在于父亲教会了他学会放弃。放弃是一种智慧。在通往成功的路上，只有放弃一些东西，才能集中更大的力量向另一个目标前进。当然，学会放弃就要知道该放弃什么，不该放弃什么。比如，为了能学识渊博，我们要放弃一些娱乐的时间等。我们应保留生命中最有价值、最必要、最纯粹的部分，而放弃那些附疣与累赘。

其实，有时候，敢于放弃是一种明智的选择，是一种境界，是一种更实际、更科学、更合理的追求。学会放弃是一种人生哲学，更是一种生存智慧。学会放弃，将有助于我们在前行的路上成为更大的赢家。

伽利略放弃了自己的自由，誓死捍卫自己的学说，才使牛顿得以站在巨人的臂膀之上；柏拉图放弃了对导师苏格拉底唯物论的信仰，创立了自己的唯心论，从此二人如同日月在哲学史上交相辉映；比尔·盖茨放弃了自己在哈佛大学的学位，选择与朋友一起研发软件，成立了享誉全球的微软公司，为现代科技做出了贡献；股神沃伦·巴菲特正是因为放下过去所得的财富，将资产的三分之二捐助给基金会，才有了今天买不到的美誉。

因此，生活中青少年要学会放弃一些事情，尽管在放弃中必定会失去一些东西。比如，你为了实现自己的梦想，原本只想拥有幸福而安逸的生活，可是为了让自己活得更有价值，就得学会放弃一些东西，虽然放弃会打破原来安逸的生活。

改变可以改变的，接受不能改变的

> 好的事情可能带来坏的结果，坏的事情可能带来好的结果。现实就像一幅巨大的油画，近处是看不清的，只有退后几步才能看清。
>
> ——庄则栋

世界每天都在变化，我们可以执着于这种改变，但是，我们也要清醒地认识到，有许多事情是我们无法改变的。比如，地下水的污染、臭氧层洞的扩大、天灾人祸等。这些都不在人们的掌控范围内，面对这样的灾难与不幸，我们没有能力阻止，但是我们有能力决定自己对事情的态度。如果我们不控制它们，它们就会反过来控制你。因此，青少年朋友要知道，只有接受不能改变的事实，才能努力改善这样的事实；只有面对现实，勇敢接受，才是最好的选择。

一架飞机不断上下震荡，原来在快降落时，飞机遇到了乱流。桌上的刀叉都飞到了天花板上，又像乱箭一样掉下来。飞机上的乘客不停地尖叫着。

随着飞机越来越糟地乱颤，那些尖叫的人已经惊恐到极点，开始声嘶力竭了。飞机上有个和尚，开始念起经来。这时，很多人也开始仿效他，各式各样的祷告声充满了机舱。但是，飞机的震荡幅度仍然有增无减。

等所有人都沉默后，有位老先生说："请大家把身份证放进内衣里吧。"人们愕然。

老先生解释道："这样，万一发生了什么事，别人才认得出你是谁，家人才能找得到你。"所有的乘客都默默地照做了。

最终，飞机在降落前恢复了平稳，大家平安下了飞机。

在这次突发事件中，老先生是一个明智的人，他用实际行动告诉我们，在危急情况下再多的慌乱都于事无补，只有冷静才是最重要的。"把身份证放内衣里"的内涵智慧，就是认清"什么是可以改变的"和"什么是不能改变的"。可以改变时，我们要尽力改变；不能改变时，我们就要坦然地接受。因为抛弃了不必要的包袱，生活才会更美好。

据传，在法国一个偏僻的小镇中有一个特别灵验的水泉，可以医治各种疾病。有一天，一个少了一条腿的退伍军人，挂着拐杖一跛一跛地走在镇子的马路上，旁边的人们同情地说："可怜的家伙，难道他要向上帝祈求再有一条腿吗？"

退伍军人听到了，转过身对他们说："我不是要向上帝祈求有一条新的腿，而是要祈求他帮助我，让我知道没有一条腿后该如何过日子。"

没有人喜欢苦难和困难，但是当苦难和困难不期而至时，只能给乐观的人制造一些障碍，却挡不住他们前进的脚步。在遇到困难时不妨反问自己，悲观沮丧有用吗？人生本来就是在舍与得之间重复的一个过程，得到了肯定会失去，失去了肯定会得到。因此，做到坦然面对，及时清除无法改变的坏心情，坦然接受生活的一切，保持轻松的心态，未来的路才会走得更远。

懂得取舍，用最简单的力量告别瞎忙的生活

> 不为明天做准备的人永远不会有未来。
>
> ——卡耐基

别人在忙忙碌碌，你也没闲着，甚至比别人还要努力，当别人取得成绩时，你却依然在不停地努力，为不能取得成功而不知所措。

同样是忙碌，结果为什么会不同呢？造成这样的原因是，你把属于自己的时间用在了那些无谓又忙碌的小事上，正是那些泛滥琐碎的忙碌让你失去了自由。

从前，有一位老禅师发现他的徒弟非常勤奋，不管是去化缘，还是去厨房洗菜做饭，这个徒弟从早上到晚上忙个不停。

这个徒弟内心很挣扎，终于，他忍不住来找老禅师。

他对老禅师说："师父，我太累了，可也没见什么成就，是什么原因呀？"

老禅师沉思了一会儿，说："你把平常化缘的碗拿过来。"

于是，徒弟把碗取来了。老禅师接着说："把它放在这里，你再去拿几个核桃过来装满。"

徒弟不知道师父的用意，拿着几个核桃放到了碗里，整个碗就都装满了。

老禅师问徒弟："你还能拿更多的核桃往碗里放吗？"

"这碗里已经满了，再放核桃进去就该滚下来了。"

"碗已经满了吗？你再拿些大米过来。"

徒弟又拿来了一些大米，他把大米倒进碗里，竟然又放了很多大米进去，直到放满才停了下来。他突然间好像有所悟："哦，原来碗刚才还没有满。"

"那现在满了吗？"

"现在满了。"

"你再去取些水来。"

徒弟又去取水，他拿着一瓢水往碗里倒，在小半碗水倒进去之后，这次连缝隙都被填满了。

老禅师问小徒弟："这次盛满了吗？"

小徒弟看着碗满了，却不敢回答，他不知道师父是不是还能放进去东西。

老禅师笑着说："你再去取一勺盐过来。"

待小徒弟取来盐，老禅师又把盐化在水里，水一点儿都没溢出来。

徒弟似有所悟。老禅师问他："现在你明白了吗？"

徒弟说：“师父，这说明时间挤挤总是会有的。”

老禅师摇了摇头，笑着说：“这不是我想要告诉你的。”

老禅师缓缓地操作，边倒边说：“刚才我们先放的是核桃，现在我们倒着来，看看会怎么样？”老禅师先放了一勺盐，再往碗里倒水，倒满之后，当再往碗里放大米的时候，水已经开始往外溢了。当碗里装满了大米的时候，老禅师问徒弟：“现在碗里还能放得下核桃吗？”“如果你的生命是一只碗，当碗中全都是这些大米般细小的事情时，你的那些大核桃又怎么能放得进去呢？”这次徒弟终于明白了。

如果我们每个人都清楚自己的核桃是什么，生活就简单轻松了。我们要把核桃先放进生命的碗里去，否则生活就会在大米、水这些细小的事情当中，核桃就放不进去了。许多人每天忙个不停，被日益艰巨的挑战压得喘不过气来，最后往往也得不到较好的成绩和效果。

因此，青少年要明白，生活和学习不一定非要不停地忙碌，有方法、有规划的人生，才称得上完美。

那么，我们怎么做才能摆脱这种瞎忙的情况呢？

1. 预设完美人生清单，重新整理需要做的事情

设定好重要目标，列出需要做的紧要事情，你的人生就会变得清晰而有意义。比如，初中阶段如何度过？高中阶段有什么样的目标？等等。

2. 丢掉面面俱到的陋习，学会丢弃

许多人不放弃任何细节，亲力亲为，为每一件或大或小的事情拼搏，不惜一切代价，直到把自己累倒才罢休。因此，你要丢掉面面俱到的做法，学会丢弃一些不紧要的小事。

有自己的主见，才能真正找到自己的方向

> 我们决不可被盲目左右，每个人都有他自己的见地。
>
> ——德纳姆

　　日常生活中，我们常常会面临一些选择，在选择的过程中常常会很迷茫，缺乏主见，甚至随波逐流。这时候就需要我们做出最适合自己的决定，做有主见的人，才能真正找到自己的方向。

　　有这样一个故事。

　　父亲和儿子两个人牵着驴进城，在半路上有人笑他们笨，有驴不骑。父亲听后，便让儿子骑上驴。赶了一段路，又有人说："这个孩子真不孝，竟让自己的父亲走着。"于是，父亲赶紧让儿子下来，自己骑在驴背上。谁知又有人说："这个父亲真狠心，不怕累着自己的孩子。"这时，父亲又让儿子也骑上驴背。走了一段路，又有人说："两个人骑在驴背上，不怕把那头驴累坏吗？"两个人又赶快溜下驴背，把驴子四只脚绑起来，用棍子扛着。

这个故事告诉我们，要做一个有主见的人，不要轻易被其他人或事左右了思想，才能在选择中不失自己的内心。做有主见的人就是要脱离其他人的建议，但并不是完全不听取，我们要取其精华、去其糟粕，要自己进行思考，学会正确地选择，懂得如何更好地取舍。

几只青蛙在高塔下玩耍，其中一只青蛙建议说："不如咱们一起爬到塔顶上去玩吧。"其他青蛙都纷纷同意了，于是它们便开始一起往塔上爬。在爬的过程中，其中一只青蛙说："这又累又热的，我们费劲爬它干什么呢？"其他青蛙都觉得它说得有道理，它们就都停下来了，只有一只最小的青蛙还在缓慢地坚持着。它不管其他青蛙在下面如何地嘲笑它傻，就是坚持不停地爬。过了很长时间，这只最小的青蛙终于爬到了塔尖。这时，底下的青蛙们不再嘲笑它了，而是在内心里都很佩服它。

在这个故事中，其他青蛙因为一只青蛙的放弃而放弃，但有一只小青蛙不顾议论和嘲笑，坚持不停地往上爬，最终到了塔顶。这说明小青蛙有自己的主见，没有被群体的意见左右。

纵观天下，凡成功者都有自己的主见，不会因为别人的意见而改变自己的方向。比如，古巴革命领袖菲德尔·卡斯特罗从年少的时候就有主见和担当，对农民怀着同情之心。

在生活和学习中，青少年要做一个有主见的人，能主导自己的人生，会辨清前方的是非，才能真正找到自己内心的方向。

第十章

掌握好情绪，别让它太叛逆——
学会严格的自我管理

控制情绪是对情绪的一种选择，即抑制不良情绪，使自己转向正面、积极的情绪。青少年在生活中如果选择正确，控制到位，就容易在负责的局面中掌握主动权，变不利为有利，激发自己更多的潜能。

控制好情绪，做情绪的主人

> 能控制好自己情绪的人，比能拿下一座城池的将军更伟大。
>
> ——拿破仑

一个人要想在事业上取得成功，务必自制，尤其要控制不良情绪。节制欲望。自制不仅仅是物质上的克制欲望，对于一个想要有所成就的人来说，精神上的自制也同样重要。

尤其是一个人要对自己的坏情绪进行有效控制，否则生活质量、学习效率等都将无法得到保证。米开朗琪罗说："被约束的才是美的。"一个人的情绪如果不能得到有效调控，那么，人可能就会成为情绪的奴隶。

在一场举世瞩目的赛事中，路易斯·福克斯的得分遥遥领先，只要把最后那个8号黑球打进球门，就能稳拿冠军。就在这时，不知从哪里飞来一只苍蝇，落在了主球上。路易斯一直没在意，挥挥手就把苍蝇赶走了。当路易斯俯下身来击球时，苍蝇又落在冠军紧锁的眉头上。他不情愿地停下来，烦躁地去打那只苍蝇，苍蝇又脱逃了。

苍蝇好像跟路易斯故意作对似的，又飞回来，落在了主球上。路易斯的情绪差到了极点，终于失去了理智，拿起球杆对着苍蝇打去。苍蝇被打走了，可球杆触动了主球，当然球也没进洞。他因此方寸大乱，连连失利，而对手则抓住机会，一口气把自己该打的球全打进去了。

路易斯失败了，他恨死那只苍蝇了。

路易斯竟然因为一只小小的苍蝇而卫冕失败，实在是让人痛惜。其实，路易斯完全有能力将那最后的关键几分赢到手，可就在要成功拿到冠军的时候，他心理方面的致命弱点暴露出来了，他无法控制自己的坏情绪，最后失了冠军。因此可见，一个人能控制好自己的情绪有多么重要。

歌德说："一个人千万不要放任自己，而是要克制自己，光有赤裸裸的本能是不行的。"情绪时时刻刻都伴随着我们，虽然我们无法做到心如止水，但我们可以理性地控制自己的情绪。

青少年正处于人生中一个特殊的年龄阶段，虽然在生理上趋于成熟，但心理发展还是比较缓慢，遇到问题时容易产生不良情绪。比如，青少年与人相处往往一言不合就大动肝火，或因一事相争就火冒三丈等，这样不加控制将会影响青少年的人际关系甚至更多。因此，青少年要想未来取得更大的成功，就要学会控制自己的不良情绪，做情绪的主人。

保持冷静，消灭心中的怒火

愤怒以愚蠢开始，以后悔告终。

——毕达哥拉斯

"为什么大家都不相信我？"

"为什么你要这么做？这让我很难堪。"

"在同学面前，他为什么总是针对我？"

这些火药味十足的问题，是不是让你觉得很熟悉？很显然，因为愤怒是普遍存在的。如果我们把人的喜怒哀乐比作自然现象，那么愤怒这一情绪最像火山爆发：攻击性强，杀伤力大，一旦爆发便难以遏制，并且事后无法恢复原状。

心理学家戴维斯曾对近千名成功人士和失败者做过跟踪调查，结果表明，这两类人在智力上并没有太大的差别，其人生差异主要来源于个人对愤怒情绪的管理能力。人的愤怒情绪会掩盖正常理性思维，使人常做出一些错误的决定；另外，周围的人看到你愤怒，为避免受到不良的影响，会与你保持距离，从而疏远你，使你处于孤立无援的状态中。因此，青少年要学会控制愤怒情绪。

我们一起先来看下面的故事。

有一天，陆军部长斯坦顿气呼呼地来到林肯面前，对林肯说，一位少将用侮辱的话指责自己偏袒一些人。林肯听后，建议斯坦顿给那个家伙写一封尖刻的回信。

"你可以在信中狠狠地骂他一顿。"林肯说。

很快斯坦顿写了一封措辞强烈的信，然后拿给林肯看。

林肯看后，高声叫好："对对，就是这样写，斯坦顿！好好训斥他一番。"

可是，当斯坦顿叠好信放入信封里时，林肯却突然说道："你要做什么？"

"寄信啊。"斯坦顿疑惑地回答。

"别胡闹了，"林肯大声说，"快把它烧掉，这封信不能寄出去。凡是愤怒时写的信，我通常都是这么做的。写信的时候你已经解了气，现在感觉好多了吧，那么就请你烧掉它，重新写一封吧。"

从这个故事中我们可以看出来林肯给斯坦顿出的主意是，让他把自己的愤怒写在纸上，等写完后，斯坦顿的愤怒情绪自然就得到缓解了。并且林肯自己也是这样做的，把写批评信当作保持冷静的一种方法，并且他清楚地知道那些信寄出以后会引起多么糟糕的后果。

因此，当我们和他人生气的时候，要注意合理控制自己的情绪，既不要把愤怒压抑在心里，又不要将愤怒发泄给他人，而是应找到一个缓解愤怒情绪的办法，让自己的情绪得到缓解，然后再做出理性的决定。

　　从前，有一个人一生气就往家里跑，然后绕着自己的房子和土地跑三圈。后来，他的房子越来越大，土地也越来越多，后来他一生气时，还是要绕着房子和土地跑三圈，哪怕累得气喘吁吁，满头大汗。

　　邻居问道："为什么你生气时就绕着房子和土地跑呢？"

　　这个人回答说："年轻的时候，我只要和别人吵架、生气时，就绕着自己的房子和土地跑三圈，并边跑边想：房子这么小，土地这么少，自己哪有时间和精力与别人置气？一想到这里，我的怒气就全消了，也就有更多的时间和精力来做有意义的事情了。"

　　邻居又问："这些都拥有后，你为什么还要绕着房子和土地跑呢？"

　　这个人笑着说："这时，我就会边跑边想：我的房子这么大，土地这么多，何必与人计较呢？这样想我的怒气就没有了。"

　　故事中这个人处理愤怒情绪的方法值得我们学习。当与人生气、争论时，我们可以出去跑几圈，并告诉自己没必要生气，使自己消除愤怒的情绪。

　　另外，青少年可参考以下方法，以避免让愤怒情绪控制自己。

1. 保持冷静

冷静是一种风度，更是一种品格。当你意识到激烈情绪正在酝酿时，应马上做几次深呼吸，然后在心中反复对自己说"放松""慢下来"等可以让人冷静下来的词汇。这将迅速缓解你的愤怒情绪，让你回归理性。

2. 用冷水洗脸

这是一种比较实用的方法。冷水会降低皮肤的温度，缓解你的愤怒情绪。因此，青少年在情绪愤怒将要爆发前，不妨试试用冷水洗脸的方法。

3. 大声呼喊

对于处在愤怒之中的你来说，或许应找个空旷的地方，大声地呼喊出来，这可以帮助你有效地宣泄愤怒情绪，同时对身体健康也是有好处的。

战胜浮躁，守住心中的那份安宁

> 只有战胜浮躁情绪的人，才能积蓄正面能量，创造出超越常人的成就。
>
> ——马丁·拉达

如今的社会虽然已经进入高速发展阶段，但是人变得越来越浮躁，尤其是青少年。浮躁的主要表现有：做事无恒心，见异思迁，不安分守己，总想投机取巧，成天无所事事，脾气大。

只有战胜浮躁情绪才能不焦虑，才有精力做漫长的蛰伏，经历漫长的努力和奋斗去做一件事情。

有一家园艺公司在报纸上刊登启事，要重金征求纯白金盏花，一时间应征者如潮。但是，自然界中的金盏花从没见过白色的，常见到的只有金色和棕色。因此很快人们就知难而退，渐渐地就把这则启事忘记了。

20年后，这家园艺公司意外地收到了一封应征信，信中还附了一粒纯白金盏花的种子。这个消息很快引起了很大轰动，新闻媒体也采访了那位应征者。

　　原来，她是一位年过古稀的老人，20年前她偶然看到报纸上的启事，并不顾子女们的反对，独自培育梦想中的白色金盏花。最初，她种下一些很普通的种子，在金盏花盛开的时节，挑一朵颜色最淡的花，任其自然枯萎脱落，以获取成熟的种子。第二年，她把这些种子播到地里，待它开花的时候，再挑一朵颜色最淡的花的种子……她反复地播种、收获，如此这样过了20年，终于培育出了如白雪般的金盏花。那没有一丝杂色的纯白金盏花，使所有见到的人都叹为观止。

　　故事中这位老人为了培育出纯白金盏花用了20年的漫长时间，在她心中没有夹杂任何一丝急功近利和急于求成的浮躁，这使她完成了连遗传学家都做不到的事情。

　　浮躁是成功和幸福最大的敌人，它的表现多样且多变，很容易渗透到我们的生活和学习中。只有克服浮躁情绪，保持一颗平静的心，坦然面对复杂纷繁的世界，认真做好每一件事，坦诚对待每一个人，才能拥有健康的心态和美好的人生。

　　那么，青少年如何战胜浮躁的情绪呢？

1. 做事要脚踏实地

　　浮躁的人做事通常容易丢三落四、漏洞百出。如果想要改变自己的浮躁，必须学会脚踏实地地做事。做事前要考虑周全，以便遇

到变化可以从容应对；做事要以大局为重，不计较个人的得失。只
有脚踏实地才能克服心浮气躁的缺点。

2. 把握好比较的度

许多有浮躁心态的人都是因为盲目跟人比较造成的，盲目比较
后一旦发现自己在某一方面不如对方，就会立马变得焦躁起来。因
此，青少年在与别人比较时一定要把握好一个度，进行客观、全面
的比较。

3. 给自己制定一个目标

当一个人没有目标，不知道自己想要什么、该做什么的时候，
就会很容易产生浮躁的心理。因此，要想摆脱浮躁的心态，就要给
自己制定一个目标，然后根据目标进行有计划的行动。只要持之以
恒，就一定能够改变浮躁的心态。

谨防嫉妒妨碍了你的成功

> 嫉妒的人常自寻烦恼，这是他自己的敌人。
>
> ——德漠尤利特

嫉妒是一种原始的情感，是人类心理中动物本能的表现。在所有情绪中，嫉妒是最邪恶的，它就像一条毒蛇，害人又害己。

很久以前，摩伽陀国有一位国王养了一群象。其中有一头象很特别，它全身的毛柔细光滑，白皙干净，并且十分聪明。于是，国王将这头象交给了一位驯象师照料。时间久了，驯象师和这头象之间已经建立了良好的默契。

有一年，国王在官员的陪同下，骑着白象进城看庆典。百姓们看到这头漂亮的大象后都围拢过来，边赞叹边高喊道："象王，象王！"这时，骑在象背上的国王觉得光彩都让象抢走了，心里十分嫉妒。不悦的国王很快地绕了一圈后，就回到了王宫。

进入王宫后，国王立马问驯象师："它能不能在悬崖边上展现技艺呢？"驯象师说："可以。"国王说："非常好，那明天就让它在波罗奈国和摩伽陀国相邻的悬崖上表演。"

到了第二天，驯象师领着白象到了目的地。国王说："白象能不能三只脚站立在悬崖边上呢？"驯象师说："这没问题。"说完驯象师就告诉白象，果然，白象在悬崖边上用三只脚站立起来了。

国王又说："它能不能两脚悬空，另两脚站立？""可以。"驯象师就叫它缩起两脚，白象很听话地照做。国王接着又说："它能三脚悬空，只用一脚站立吗？"

驯象师听后，明白了国王的意思：国王是要置白象于死地。驯象师认真地跟大象说："这次一定要小心，缩起三只脚，用一只脚站立。"结果，白象也做到了。围观的人看后，都为白象鼓起了热烈的掌声。

国王心里更加嫉妒了，对驯象师说："它能把后脚都缩起，全身悬空吗？"驯象师在白象耳边说了一番后，不可思议的是白象做到了，它把后脚悬空飞起来，载着驯象师飞跃悬崖，进入波罗奈国。

这边的百姓看到飞来的白象，沸腾起来。后来，波罗奈国国王知道缘由后，叹息道："一个国王为何要嫉妒一头象呢？"

故事中的国王竟然嫉妒一头比自己受欢迎的白象，真是可悲又可叹。法国文学家巴尔扎克说过："嫉妒者比任何不幸的人更痛苦，因为别人的幸福和他自己的不幸，都将使他痛苦万分。嫉妒心强的人，往往以恨开始，以害己而告终。"

如果一个人长期处于恶性嫉妒的情绪中，就会产生压抑感，久而久之，会给他造成不同的身心损伤，如忧愁、怀疑、自卑、仇恨等。另外，恶性嫉妒还会影响他对事物的正确客观的认识和评价，严重影响人际交往等。

由于青少年时期是人生成长最关键的时期，也是心理问题凸显的时期，因此有时青少年往往嫉妒心很强，却又不知道如何消除这种强烈的嫉妒情绪。因此，下面介绍了一些消除嫉妒的方法，希望能帮助到你。

1. 调整好自己的心态

当看到别人比自己优秀时，你要多找找对方优秀的原因，而不是单看到别人的优秀表现。并且要用欣赏的态度去向他学习，努力让自己变得与对方一样优秀，甚至更优秀。

2. 把目光放长远

青少年不妨把眼光放长远一些，放大自己的格局。即便目前的高度还不够，或者还没有达到那个高度，你也可以适当地在内心想象一下，慢慢地去拓宽自己的视野。只有这样，你才不会局限在嫉妒的小格局中而无法自拔。

3. 找到适合自己的位置

青少年要找到适合自己的位置，才能充分发挥自己的才华。一旦找对位置，庸才也能成为英才。因此，嫉妒别人，不如开发自己的特长，扬长避短，创造自己的美好未来。

抱怨，从来都不能解决问题

> 平庸的人总是抱怨自己不懂的东西。
>
> ——拉罗什富科

　　在压力面前，我们总爱用抱怨来发泄情绪，青少年也是如此。偶尔适度的抱怨虽然可以让情绪得到释放，心理上能得到一定的平衡。但是，一旦抱怨成了习惯，就会使人产生心理疲劳。在这样的精神状态下，犯错误的概率就容易比别人高，许多新的烦恼又在后面等着你，这样，你就又开始陷入新一轮的抱怨之中。

　　这种习惯性的抱怨不仅会影响青少年的学习效率，还会导致心理扭曲，影响心理健康。因此，太习惯抱怨毫无意义，它不能解决任何问题。

　　1991年之前，诺基亚公司不只是生产移动通信产品，还生产电视、电脑、电线，甚至胶鞋等。到1992年，公司开始面临亏损。公司内的很多管理者都相互推卸责任，甚至抱怨公司领导经营不利。

　　这个时候，玛·奥利接任总裁一职。面对危机四伏的烂摊子，他并没有抱怨和责怪任何人。他上任后第一件事就是进行市场调研，与公司管理者进行沟通。他发现，公司经营模式太老旧，已经适应不了社会的发展趋势。于是，他决定改变原来的经营模式，舍弃旧产业。比如，将家用电器、电缆、造纸、轮胎等产品全面压缩到最低，推出以移动电话为中心的专业化发展新战略。玛·奥利认为，移动电话普及是社会发展的趋势，将它作为公司的支柱产业更有利于公司的发展。

　　虽然每一项工作进行得都不容易，但他非常坚定。他将寻求和确立新增长点作为培育企业文化的核心，为公司打造全新的企业文化。最终，他成功地将公司90%的资金以及技术人员转入对移动通信器材以及多媒体技术的开发和研究中去。

　　很快，他就让公司走出了困境，并达到了新科技研发效果。至1996年，诺基亚在移动通信领域的地位全面提升，获得了生产移动通信设备所必需的全部资源及科技力量。到1998年，诺基亚一下成了当时全世界最大的移动电话生产商。

　　在这个案例中，如果玛·奥利在上任时对这个危机四伏的烂摊子抱怨和指责，那么恐怕当时的诺基亚公司早就不存在了。就是因为有这样一位不抱怨、积极沟通、正确分析市场趋势的玛·奥利，最终才让诺基亚在激烈的竞争中找到了一个全新的经营模式，并做出了优秀的成绩。

　　没有谁的生活是一帆风顺的，每个人都会碰到各种各样的坎坷和挫折。不同的处世态度，决定了不同的结果。很多人在面对挫折的时候总是习惯抱怨，而不是去思考解决问题的办法。他们只会用嘴巴去说，却不会去行动，总是把失败归咎于外界因素，而不会从自己身上找原因。这就是向困难服输的表现。

　　青少年在生活和学习中遇到压力和挫折时，要试着改变自己的态度，因为态度决定高度。没有解决不了的事情，只有你不想去解决的事情；没有自己做不到的事情，只有自己不想去做的事情。要知道抱怨只会徒增烦恼，只会让别人看不起，只会让你的心情更加糟糕。只有不抱怨，将消极的念头从心中清除干净，努力思考解决问题的办法，成功才会离你越来越近。